AF288850

Das Zahlenbuch

3

von Erich Ch. Wittmann, Gerhard N. Müller,
Marcus Nührenbörger und Ralph Schwarzkopf

Bearbeitung der Ausgabe Bayern 2021:
Marcus Nührenbörger, Ralph Schwarzkopf,
Melanie Bischoff, Daniela Götze, Birgit Heß,
Diana Hunscheidt

Unter Beratung von
Antje Born, Kathrin Ettner, Elisabeth Gaigl,
Jeannette Heißler, Ina Herklotz, Gabriele Klenk,
Erika Pfeffer, Carsten Stranz, Ingrid Weigand

Ernst Klett Verlag
Stuttgart · Leipzig · Dortmund

Inhalt

Symbole

Ausgewiesene inhaltsbezogene Kompetenzbereiche:

Zahlen und Operationen
Raum und Form
Größen und Messen
Daten und Zufall

 Blitzrechnen
AH weist auf Seiten im Arbeitsheft hin.

Ausgewiesene prozessbezogene Kompetenzbereiche:

P Probleme lösen
K Kommunizieren
A Argumentieren
M Modellieren
D Darstellungen verwenden

*Die Miniprojekte sind zeitlich passend einzuordnen bzw. mit den entsprechenden Themen des Sachunterrichts zu kombinieren.

Wiederholung und Vertiefung

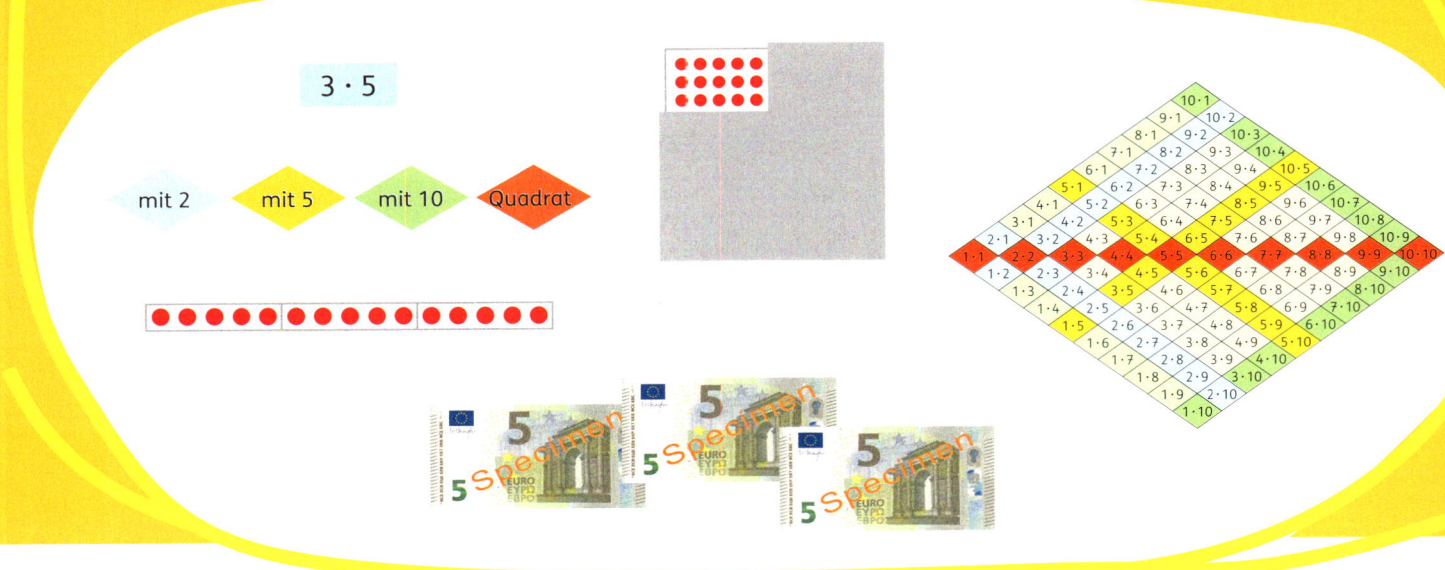

1 Welche Aufgaben findest du einfach? Zeige mit dem Malwinkel, schreibe und rechne.

2 · 5	7 · 6	2 · 3	9 · 6
10 · 2	8 · 9	4 · 10	2 · 9
9 · 4	1 · 7	4 · 1	▨ · ▨

1)   2 · 5 = 1 0

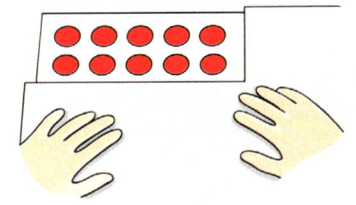

2 Zeige und rechne einfache Aufgaben 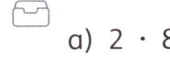.

a) 2 · 8

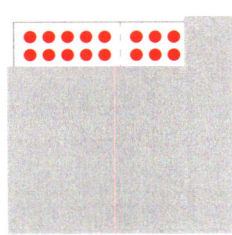

b) 2 · 4   c) 2 · 5   d) 2 · 7

e) 2 · 3   f) 2 · 1   g) 2 · 9

h) 2 · 6   i) 2 · 2   j) 2 · 10

3 Tauschaufgaben mit 2 : Welche Aufgaben rechnest du? Kreuze an.

a) 6 · 2
   2 · 6

3 a)   6 · 2 =
    x 2 · 6 = 1 2

b) 2 · 3   c) 7 · 2   d) 9 · 2   e) 2 · 5   f) 8 · 2   g) 2 · 6
   3 · 2   2 · 7   2 · 9   5 · 2   2 · 8   6 · 2

1 Sammeln, welche Aufgaben den Kindern noch als einfache Aufgaben in Erinnerung sind. Aufgabentypen im Folgenden ggf. wiederholen.   2, 3 Einfache Malaufgaben mit der 2 zeigen und rechnen, die Idee der Tauschaufgaben thematisieren.

▨ (K, A, D)

Einfache Malaufgaben

4 Zeige und rechne einfache Aufgaben .

4 mal 10 sind
4 Zehner, also 40.

4 Fünfer sind die Hälfte
von 4 Zehnern.

  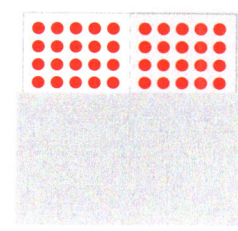 

Finn

Ina

a) 4 · 10	b) 6 · 10	c) 8 · 10	d) 5 · 10	e) 7 · 10	f) 9 · 10
4 · 5	6 · 5	8 · 5	5 · 5	7 · 5	9 · 5

5 Zeige und rechne einfache Aufgaben mit 10.

10 mal 4 ist
das Gleiche wie
4 mal 10.

5 mal 4 ist die Hälfte
von 10 mal 4.

  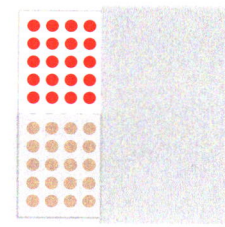 

Eva

Metin

a) 10 · 4	b) 10 · 3	c) 10 · 6	d) 10 · 10	e) 10 · 7	f) 10 · 9
5 · 4	5 · 3	5 · 6	5 · 10	5 · 7	5 · 9

6 Zeige und rechne einfache Aufgaben Quadrat.

a) 6 · 6

b) 2 · 2   c) 5 · 5   d) 7 · 7

e) 3 · 3   f) 1 · 1   g) 8 · 8

h) 4 · 4   i) 9 · 9   j) 10 · 10

Einfache Malaufgaben mit 1   mit 2   mit 5   mit 10   sind Kernaufgaben.

7 Kernaufgaben: Rechne.

a) 1 · 3	b) 1 · 4	c) 1 · 6	d) 1 · 7	e) 1 · 8	f) 1 · 9
2 · 3	2 · 4	2 · 6	2 · 7	2 · 8	2 · 9
5 · 3	5 · 4	5 · 6	5 · 7	5 · 8	5 · 9
10 · 3	10 · 4	10 · 6	10 · 7	10 · 8	10 · 9

4, 5 Aufgaben mit der 10 nutzen, um Aufgaben mit der 5 zu lösen. Die Idee der Tauschaufgaben nutzen. **6** Quadrataufgaben wiederholen. **7** Das Rechnen mit Kernaufgaben üben.

(P, K, D)

Einfache und schwierige Malaufgaben

$6 \cdot 8 =$ ▢

Das sind zwei Sechser mehr als $6 \cdot 6$.

Das ist die Nachbaraufgabe von $5 \cdot 8$. Es kommt einfach ein Achter dazu.

Leo

Kim

Die Tauschaufgabe ist $8 \cdot 6$, also $10 \cdot 6$ minus $2 \cdot 6$.

$8 \cdot 6 = 4$
$10 \cdot 6 = 60$
$2 \cdot 6 = 12$

Max

1 Rechne Nachbaraufgaben ◆ mit 5 .

a) $5 \cdot 3$
   $6 \cdot 3$

1 a) $5 \cdot 3 = 1 5$
      $6 \cdot 3 = 1 5 + 3 =$

b) $5 \cdot 7$
   $4 \cdot 7$

1 b) $5 \cdot 7 = 3 5$
      $4 \cdot 7 = 3 5 - 7 =$

c) $5 \cdot 8$
   $6 \cdot 8$

d) $5 \cdot 4$
   $6 \cdot 4$

e) $5 \cdot 7$
   $6 \cdot 7$

f) $5 \cdot 9$
   $4 \cdot 9$

g) $5 \cdot 6$
   $4 \cdot 6$

h) $5 \cdot 8$
   $4 \cdot 8$

2 Rechne Nachbaraufgaben ◆ mit 10 .

Aus 10 mal 4 kann ich 9 mal 4 machen. Das ist ein Vierer weniger.

Ich rechne erst 10 mal 4 gleich 40 und dann 40 minus 1 mal 4.

$10 \cdot 4 = 40$
$9 \cdot 4 = 40 - 4 =$

Till

Marta

a) $10 \cdot 4$
   $9 \cdot 4$

b) $10 \cdot 8$
   $9 \cdot 8$

c) $10 \cdot 7$
   $9 \cdot 7$

d) $10 \cdot 6$
   $9 \cdot 6$

e) $2 \cdot 10$
   $2 \cdot 9$

f) $5 \cdot 10$
   $5 \cdot 9$

g) $7 \cdot 10$
   $7 \cdot 9$

h) $3 \cdot 10$
   $3 \cdot 9$

Wiederholen, dass man Kernaufgaben zur Berechnung von schwierigen Aufgaben nutzen kann. **1, 2** Aufgaben mit 5 und mit 10 zur Lösung schwieriger Nachbaraufgaben nutzen.

■ (K, A) → Arbeitsheft, Seite 3

○ **3** Zeigt an der Einmaleins-Tafel. Rechnet schwierige Aufgaben mit einfachen Aufgaben.

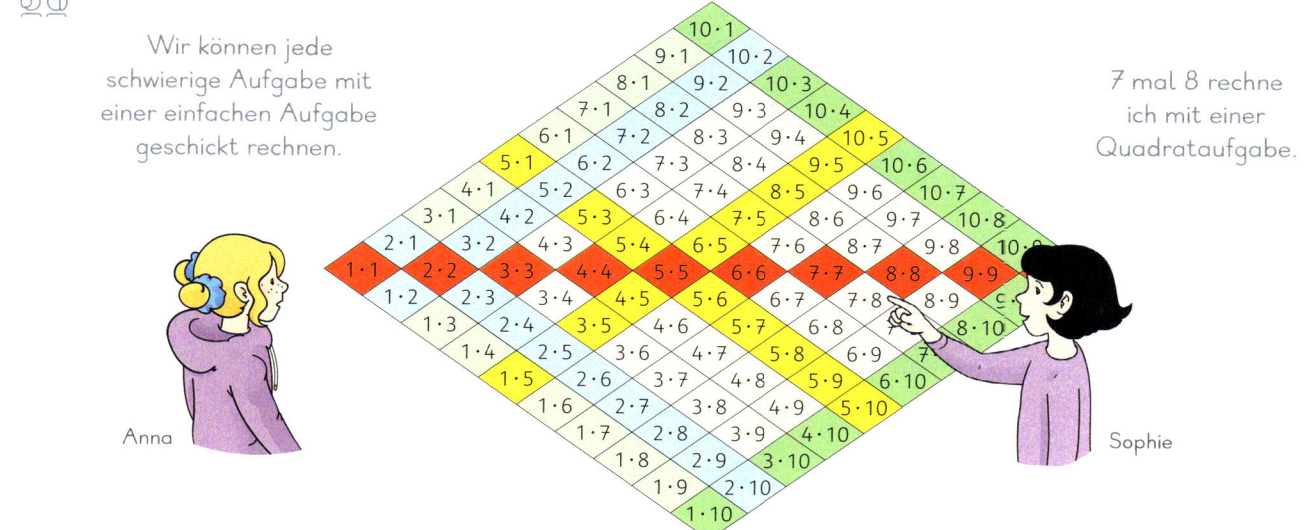

Wir können jede schwierige Aufgabe mit einer einfachen Aufgabe geschickt rechnen.

7 mal 8 rechne ich mit einer Quadrataufgabe.

Anna

Sophie

a) 8 · 8
   7 · 8

3 a)   8 · 8 = 6 4
       7 · 8 = 6 4 − 8 =

b) 8 · 8
   9 · 8

c) 6 · 6
   7 · 6

d) 6 · 6
   5 · 6

e) 3 · 3
   2 · 3

f) 3 · 3
   4 · 3

g) 7 · 7
   8 · 7

h) 7 · 7
   6 · 7

i) 9 · 9
   8 · 9

j) 9 · 9
   10 · 9

● **4** Rechne geschickt. Achte auf   mit 2   mit 5   mit 10   Quadrat .

| 4 · 8 | 4 a)   5 · 8 = 4 0 | | 3 · 4 | 7 · 3 | 3 · 9 | 7 · 9 |
| | 4 · 8 = 4 0 − 8 = | | 9 · 7 | 7 · 6 | 9 · 4 | 8 · 4 |

| 4 · 7 | 3 · 8 | 4 · 6 | 3 · 7 | 7 · 4 | 8 · 7 | 4 · 9 | 6 · 9 |

○ **5** ⚡ **Einmaleins an der Einmaleins-Tafel**

4 · 4

16

Malaufgabe zeigen und nennen, Aufgabe im Kopf rechnen

4 weniger als 5 · 4

das Doppelte von 2 · 4

eine Quadratzahl

3 Einmaleins-Tafel wiederholen und besprechen, dass man alle schwierigen Aufgaben auf einfache Nachbaraufgaben zurückführen kann. Quadrataufgaben wiederholen und zur Lösung der Nachbaraufgaben nutzen.   **4** Kernaufgaben zum Ableiten nutzen, um schwierige Aufgaben zu lösen.

▨ (P, K)   → Arbeitsheft, Seite 3

Multiplizieren und Dividieren

Die **Umkehraufgabe** von $4 \cdot 6 = 24$
ist $24 : 6 = 4$.

Multiplizieren: Malrechnen
Dividieren: Geteiltrechnen

1 Multipliziere und dividiere. Schreibe immer vier Aufgaben.

a) b) c) d) e)

1 a)	$4 \cdot 5 = 20$	$20 : 5 =$
	$5 \cdot 4 =$	$20 : 4 =$

2 Zeichne das Punktebild und schreibe immer vier Aufgaben.

a) $2 \cdot 7$ b) $3 \cdot 4$ c) $4 \cdot 4$ d) $5 \cdot 3$ e) $3 \cdot 3$ f) $10 : 2$ g) $20 : 2$

h) $18 : 9$ i) $27 : 9$

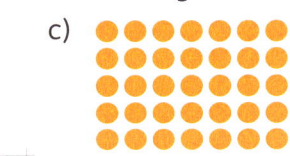

2 a)	●●●●●●● ●●●●●●●	$2 \cdot 7 = 14$	$14 : 7 = 2$
		$7 \cdot 2 = 14$	$14 : 2 = 7$

3 Zeichne Punktebilder und schreibe immer vier Aufgaben mit ...

a) ... 12 Punkten.   b) ... 24 Punkten.   c) ... 15 Punkten.   d) ... Punkten.

4 Rechne geschickt mit der Umkehraufgabe.

a) $54 : 9$

4 a)	$54 : 9 = 6$
	$6 \cdot 9 = 54$

b) $27 : 3$ c) $30 : 5$ d) $24 : 4$ e) $36 : 9$

f) $45 : 9$ g) $42 : 6$ h) $32 : 8$ i) $56 : 7$

8

1–4 Beziehungen zwischen Aufgaben, Tauschaufgaben und deren Umkehraufgaben wiederholen und nutzen.

5 Teilen mit und ohne Rest: Schreibe immer beide Aufgaben.

a) 21 : 4

5 a)   2 1 : 4 = 5 R 1
       2 1 = 5 · 4 + 1

b) 22 : 4

c) 23 : 4

d) 24 : 4

e) Wie verändert sich der Rest? Erkläre.

21 : 4 = 5 **Rest** 1   1 bleibt übrig.

6 Zeichne Punktebilder. Schreibe immer beide Aufgaben.

a) 13 : 5

6 a)   1 3 : 5 = 2 R 3
       1 3 = 2 · 5 + 3

b) 17 : 3   c) 24 : 5

d) 13 : 4   e) 20 : 6

7 Einfache Reste: Erkläre.

a) 65 : 10

7 a)   6 5 : 1 0 = 6 R 5
       6 5 = 6 · 1 0 + 5

b) 98 : 10   c) 72 : 10

d) 84 : 10   e) 47 : 10

65 sind
6 Zehner und 5 Einer.

Es bleiben
5 Einer übrig.

65 : 10 = 6 R 5

65 = 6 · 10 + 5

Kim   Lilly

8 Schöne Päckchen: Beschreibe das Muster und setze fort.

a) 9 : 3   b) 36 : 4   c) 13 : 6   d) 20 : 9   e) 40 : 8   f) 11 : 5
   10 : 3   37 : 4   19 : 6   30 : 9   44 : 8   22 : 5
   11 : 3   38 : 4   25 : 6   40 : 9   48 : 8   33 : 5

9 ⚡ **Einmaleins umgekehrt**

4 · 5
5 · 4

20 : 5 = 4
20 : 4 = 5

Malaufgabe zeigen, nennen und beide
Umkehraufgaben rechnen

20 : 4 = 5, denn 5 · 4 = 20

20 : 5 = 4, denn 4 · 5 = 20

5 Aufgaben aufschreiben und lösen. Beziehungen zwischen den Aufgaben erläutern.   **6** Punktebilder zeichnen.   **7** Mal- und Geteiltaufgabe mit Rest finden und rechnen.   **8** Beziehungen zwischen den Aufgaben herstellen und nutzen.

9

(K, D)   → Arbeitsheft, Seite 4

Tabellen und Diagramme

Schönes Wetter! Heute bin ich zu Fuß zur Schule gekommen.

Till

Ich bin mit meinem Roller gefahren.

Wie kommen die anderen Kinder eigentlich zur Schule?

Esra

1 Die Kinder machen eine Umfrage zum Schulweg. Die Sonne scheint.

a) Wie kommen die Kinder zur Schule? Beschreibt und zeichnet ein Säulendiagramm.

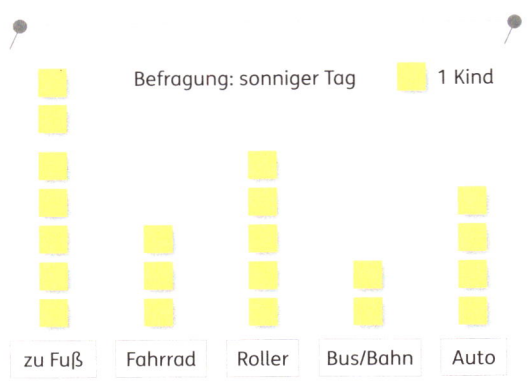

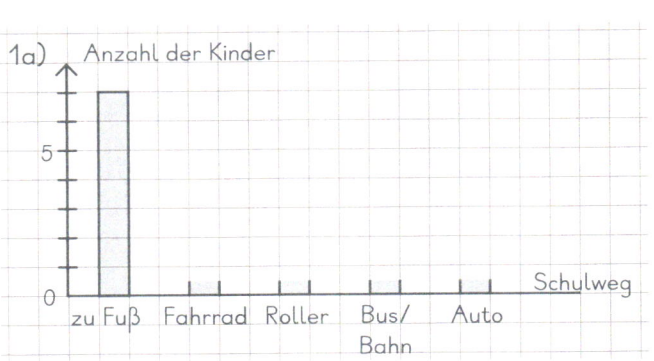

b) Welche Fragen könnt ihr genau beantworten?
Welche Fragen könnt ihr nicht genau beantworten?

Wie viele Kinder werden mit dem Auto zur Schule gebracht?	Wie kommen die meisten Kinder zur Schule?	Wie kommen die wenigsten Kinder zur Schule?	Wie viele Kinder werden von Eltern zur Schule gebracht?
Wie viele Kinder fliegen zur Schule?	Wie viele Kinder werden zur Schule gefahren?	Wie viele Jungen gehen in die Klasse?	Wie viele Kinder sind in der Klasse?

2 Es regnet. Die Kinder machen eine neue Umfrage.

a) Wie kommen die Kinder zur Schule? Beschreibt und zeichnet ein Säulendiagramm.

b) Vergleicht mit der Befragung an einem sonnigen Tag.

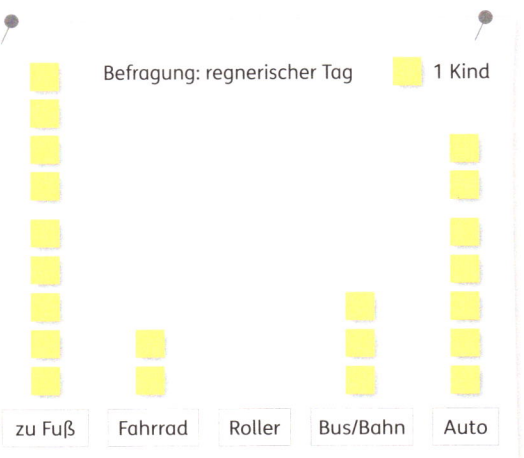

An einem regnerischen Tag kommen ...	... weniger als ...
	... mehr als ...
An einem sonnigen Tag kommen ...	... genauso viele wie ...

1 Aus erfassten Daten ein *Säulendiagramm* erstellen und relevante Informationen entnehmen; vorgegebene Fragen beantworten bzw. begründen, warum sich einzelne nicht genau beantworten lassen.   **2** Diagramme vergleichen: Wie verändern sich die einzelnen Säulen? Evtl. Satzanfänge zur Beantwortung nutzen.

■ (K, M, D)

3 Die Kinder machen eine Umfrage zu ihrer
Lieblingsbeschäftigung in der Freizeit.

Gibt es Unterschiede zwischen Mädchen und Jungen?

Mila

a) Was könnt ihr aus der Befragung ablesen?
Beschreibt und zeichnet ein Säulendiagramm.

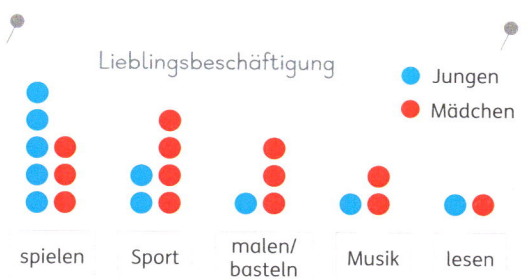

b) Vervollständigt die Sätze.

| Sport mögen insgesamt ... Kinder am liebsten. | Die wenigsten Mädchen mögen am liebsten... | Die meisten Jungen mögen am liebsten... | In der Klasse sind ... Mädchen als Jungen. |

4 Die Kinder machen eine Umfrage zu den Schülerzahlen im 3. Schuljahr.

a) Was könnt ihr aus der Befragung ablesen? Beschreibt und zeichnet ein Säulendiagramm.

Klasse	Jungen	Mädchen
3a	12	13
3b	13	12
3c	14	10
3d	12	12

Wir haben eine Umfrage in allen 3. Klassen gemacht. Diese Tabelle zeigt unser Ergebnis.

Lena

b) Vergleicht das Säulendiagramm mit der Tabelle. Was könnt ihr besser aus der Tabelle ablesen?
Was könnt ihr besser aus dem Säulendiagramm ablesen?

5 Macht eigene Umfragen in eurer Klasse und eurer Schule.

So kann ich Daten sammeln

mit Strichen ||||||

mit Plättchen   ●●●●●

mit Zetteln

So kann ich Daten auswerten

Säulendiagramm
0   zu Fuß

Tabelle

Jungen	Mädchen
12	13

3, 4 Vor- und Nachteile der verschiedenen Darstellungen (*Tabelle* und *Säulendiagramm*) besprechen. Bei Aufgabe 3 können die Kinder auch noch eigene Sätze schreiben. **5** Klassenausstellung planen. Über den Lernstand sprechen.
Weiterführung und Vertiefung: Thema Haushaltsführung.

■ (K, M, D)

11

Addieren und Subtrahieren

54 + 31

54 plus 31 ist einfach. Ich rechne 3 Zehner und 1 Einer dazu, also 85.

Plusrechnen heißt auch Addieren. Wir addieren 31 zu 54. Die Summe ist 85.

Paula

Addieren: Plusrechnen   **Summe:** Ergebnis einer Plusaufgabe

○ 1 Rechne einfache Plusaufgaben.

a) 54 + 10	b) 43 + 10	c) 30 + 12	d) 42 + 6	e) 85 + 4
54 + 30	43 + 30	50 + 12	72 + 6	25 + 4

f) 71 + 14	g) 24 + 12	h) 24 + 35	i) 32 + 17	j) 14 + 35
31 + 14	54 + 12	24 + 45	32 + 18	14 + 36

◑ 2 Verdopple.

a) 40 + 40	b) 20 + 20	c) 30 + 30	d) 10 + 10	e) 40 + 40
3 + 3	1 + 1	5 + 5	6 + 6	7 + 7
43 + 43	21 + 21	35 + 35	16 + 16	47 + 47

○ 3 ⚡ **Verdoppeln im Hunderter**

48

Das Doppelte ist 96.

Zahl bis 50 nennen, legen oder zeichnen und Zahl verdoppeln

2 · 40 = 80 und 2 · 8 = 16, also 2 · 48 = 96

2 · 45 = 90, also ist 2 · 48 = 96

Fachwörter *Addieren* und *Summe* besprechen.   **1** Einfache Additionsaufgaben rechnen.   **2** Verdoppeln auf einfache Additionsaufgaben zurückführen.

■ (K, A, D)   → Arbeitsheft, Seite 5

Subtrahieren: Minusrechnen   **Differenz:** Ergebnis einer Minusaufgabe

○ **4** Rechne einfache Minusaufgaben.

a) 54 − 20	b) 63 − 10	c) 87 − 30	d) 42 − 1	e) 85 − 4
54 − 40	63 − 30	87 − 50	72 − 1	25 − 4

f) 74 − 12	g) 35 − 14	h) 56 − 35	i) 74 − 13	j) 68 − 27
34 − 12	65 − 14	56 − 45	74 − 14	68 − 28

● **5** Halbiere.

a) 90
4
94

5 a) 9 0 = 4 5 + 4 5
     4 =   2 +   2
   9 4 = 4 7 + 4 7

b) 80
6
86

c) 70
8
78

d) 60
6
66

e) 50
4
54

○ **6** ⚡ **Halbieren im Hunderter**

Gerade Zahl nennen, legen oder zeichnen und Zahl halbieren

72

Die Hälfte ist 36.

Ich halbiere erst die 70 und dann die 2.

Ich denke an das Verdoppeln.
2 · 35 = 70, also 2 · 36 = 72

Fachwörter *Subtrahieren* und *Differenz* besprechen. **1** Einfache Subtraktionsaufgaben rechnen. **2** Halbierer auf einfache Zerlegungen zurückführen.

▪ (P, K, D) → Arbeitsheft, Seite 5

Addieren und Subtrahieren

Das ist ein schönes Päckchen. Ich beschreibe das Muster mit Farben und Pfeilen.

Die 1. Zahl wird immer um 10 größer. Die 2. Zahl bleibt gleich. Was passiert mit der Summe?

Finn

Sophie

So kannst du **beschreiben** und **erklären**:

mit **Farben**

mit **Pfeilen**

mit **Zahlbildern**

mit **Wörtern** und **Sätzen**

die 1. Zahl

die 2. Zahl

die Summe

Wenn ..., dann ...

Deshalb ...

1 Schöne Päckchen: Setzt fort. Was fällt euch auf? Beschreibt und erklärt.

a) 10 + 23
   20 + 23
   30 + 23

b) 15 + 35
   15 + 40
   15 + 45

c) 34 + 2
   34 + 13
   34 + 24

d) 23 + 4
   32 + 4
   41 + 4

e) 55 + 33
   66 + 22
   77 + 11

f) 40 + 25
   42 + 27
   44 + 29

g) 20 + 35
   25 + 40
   30 + 45

h) 34 + 60
   35 + 61
   36 + 62

i) 27 + 13
   26 + 15
   25 + 17

j) 28 + 34
   26 + 36
   24 + 38

2 Schöne Päckchen mit Lücken: Setzt passende Zahlen ein.

a) 41 + 49
   43 + 47
   45 + ▓
   ▓ + 43
   ▓ + ▓

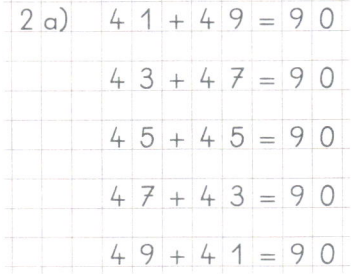

2 a) 4 1 + 4 9 = 9 0
      4 3 + 4 7 = 9 0
      4 5 + 4 5 = 9 0
      4 7 + 4 3 = 9 0
      4 9 + 4 1 = 9 0

b) 28 + 15
   38 + 16
   48 + ▓
   ▓ + 18
   ▓ + ▓

c) 24 + 56
   35 + 46
   ▓ + 36
   57 + ▓
   ▓ + ▓

d) 59 + 11
   48 + 13
   ▓ + ▓
   ▓ + ▓
   ▓ + ▓

Verbale und nonverbale Forschermittel wiederholen. **1** Regelmäßigkeiten in schönen Päckchen mit Forschermitteln beschreiben und begründen. **2** Struktur des schönen Päckchens erkennen und Lücken passend ausfüllen.

■ (K, A, D) → Arbeitsheft, Seite 6

3 Schöne Päckchen: Setzt fort. Was fällt euch auf? Beschreibt und erklärt.

a) 82 − 20
82 − 30
82 − 40

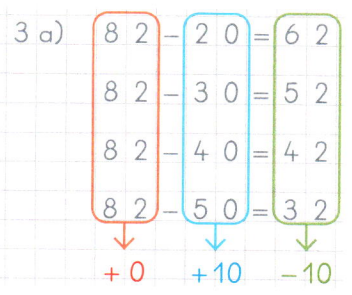

3 a)
8 2	− 2 0	= 6 2
8 2	− 3 0	= 5 2
8 2	− 4 0	= 4 2
8 2	− 5 0	= 3 2

+ 0   + 10   − 10

Die 2. Zahl wird größer, aber die Differenz wird kleiner. Wie kann ich das erklären?

Wir nehmen von derselben Zahl immer 10 mehr weg. Dann muss die Differenz um 10 kleiner werden.

82 − 20 = 62
82 − 30 = 52

Sophie

Firn

b) 76 − 5
76 − 10
76 − 15

c) 21 − 2
21 − 4
21 − 6

d) 57 − 5
55 − 5
53 − 5

e) 47 − 12
48 − 13
49 − 14

f) 83 − 4
85 − 6
87 − 8

g) 67 − 6
70 − 4
73 − 2

4 Welche schönen Päckchen beschreiben die Kinder?
Ordnet zu und ergänzt den letzten Satz.

Die 1. Zahl wird immer um 1 größer.
Die 2. Zahl wird immer um 1 größer.
Deshalb bleibt die Differenz ...
Mia

Die 1. Zahl wird immer um 2 größer.
Die 2. Zahl bleibt gleich.
Deshalb wird die Differenz ...
Lena

Die 1. Zahl wird immer um 1 größer.
Die 2. Zahl wird immer um 1 größer.
Deshalb wird die Summe ...
Noah

Die 1. Zahl wird immer um 5 kleiner.
Die 2. Zahl wird immer um 5 größer.
Deshalb bleibt die Summe ...
Ben

a) 57 + 6
58 + 7
59 + 8

4 a) Noah
5 7 + 6 = 6 3
5 8 + 7 = 6 5
5 9 + 8 = 6 7

Deshalb wird die Summe immer um 2 größer.

b) 57 − 6
59 − 6
61 − 6

c) 57 − 6
58 − 7
59 − 8

d) 57 + 6
52 + 11
47 + 16

5 Findet schöne Päckchen. Beschreibt und erklärt.
Startet mit ... a) ... 74 + 1.   b) ... 86 − 27.   c) Findet weitere schöne Päckchen.

3 Regelmäßigkeiten in schönen Päckchen zur Subtraktion untersuchen; nonverbale und verbale Darstellungsmittel zum Beschreiben und Erklären wiederholen.   4 Sprachliche Erklärungen vervollständigen.   5 Ausgehend von einer Startaufgabe schöne Päckchen erstellen.

15

(P, K, D) →Arbeitsheft, Seite 6

Rechenwege bei der Addition

1 Wie rechnet ihr 35 + 57? Beschreibt. Findet verschiedene Rechenwege.

Zehner und Einer extra: ZE

Schrittweise: S

Hilfsaufgabe: H

35 + 57

Anna

$35 + 57 = 80 + 12 = 92$
$30 + 50$
$5 + 7$

Eric

$35 + 57 = 92$
$35 + 50 = 85$
$85 + 7 = 92$

Leo

60

3

35   92   95

57 liegt nah bei einer Zehnerzahl.

Ich rechne erst bis zum Nachbarzehner.

Murat

5   52

35   40   92

Lilly

$35 + 57 = 92$
$\downarrow -3 \quad \downarrow +3$
$32 + 60 = 92$

Murat   Lilly

2 Rechnet geschickt.

a) Wie rechnet ihr? Beschreibt und erklärt eure Rechenwege.

53 + 17

2 a) $53 + 17 = 70$
ZE $50 + 10 = 60$
         $3 + 7 = 10$

25 + 29	38 + 27	44 + 38	39 + 18
33 + 48	34 + 22	33 + 29	66 + 26
24 + 54	53 + 19	18 + 24	25 + 35

b) Vergleicht und ordnet die Aufgaben nach den Rechenwegen.

Schrittweise   Zehner und Einer extra   Hilfsaufgabe

So kannst du deinen Rechenweg **beschreiben** und **erklären**:

mit **Zahlen**   mit **Zahlbildern**   am **Rechenstrich** 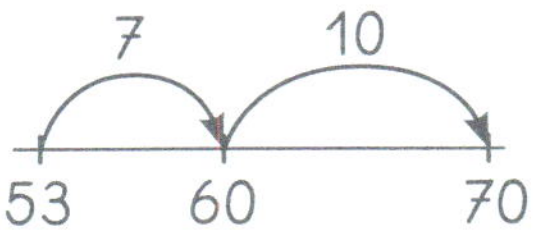   mit **Wörtern**   mit **Abkürzungen**

$53 + 17 = 70$
$53 + 7 = 60$
$60 + 10 = 70$

7   10

53   60   70

Schrittweise   ZE, S, H

1, 2 Eigene Rechenwege wählen und darstellen, im Klassengespräch vergleichen (Mathekonferenz).

(K, A, D) → Arbeitsheft, Seite 7

3 Hilfsaufgaben: Rechne und schreibe den Rechenweg wie Eva oder wie Sophie.

Die 2. Zahl ist nah an einer Zehnerzahl. Ich addiere erst 20 und subtrahiere anschließend 1.

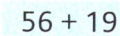
56 + 19

Ich verkleinere die 1. Zahl und vergrößere die 2. Zahl genauso. Dann bleibt es gleich viel, aber die Aufgabe ist einfacher.

Eva

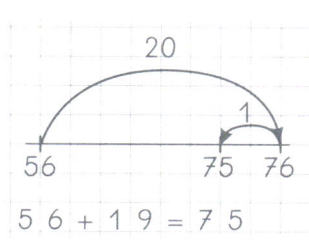
56 + 19 = 75

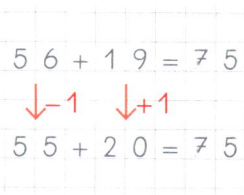

$$5\ 6 + 1\ 9 = 7\ 5$$
$$\downarrow -1 \quad \downarrow +1$$
$$5\ 5 + 2\ 0 = 7\ 5$$

Sophie

a) 56 + 19   b) 58 + 19   c) 59 + 34   d) 39 + 33   e) 48 + 35   f) 28 + 14   g) 49 + 32

h) Finde Aufgaben, die du mit Hilfsaufgaben rechnest. Erkläre.

4 Schöne Aufgabenpaare: Rechne immer erst die einfache Aufgabe.

a) 39 + 52
   39 + 50

4 a)   3 9 + 5 2 =
       3 9 + 5 0 = 8 9

b) 46 + 50
   46 + 49

c) 24 + 40
   24 + 38

d) 60 + 38
   61 + 39

5 Rechne geschickt.

a) 20 + 40
   20 + 42
   25 + 42

b) 47 + 30
   47 + 33
   48 + 33

c) 50 + 20
   55 + 25
   58 + 28

d) 30 + 50
   39 + 51
   31 + 59

e) 66 + 20
   66 + 25
   65 + 25

6 Aufgabenpaare: Die Summe ist immer gleich. Erkläre.

a) 73 + 17
   63 + 27

b) 38 + 12
   18 + 32

c) 51 + 19
   21 + 49

d) 54 + 26
   34 + 46

e) Finde Aufgabenpaare.

7 Wählt immer zwei Zahlen. Findet Plusaufgaben.

13   15   21   27   29   35   37   42   49   63   74

Die Summe ist ...

a) ... kleiner als 50.

b) ... gleich 50.

c) ... größer als 50.

7 a)   2 9 + 1 5 = 4 4   7 b)   3 7 + 1 3 = 5 0   7 c)   6 3 + 1 5 = 7 8

3, 4 Strategie *Hilfsaufgabe* weiterentwickeln und vertiefen.   **5** Rechenwege zunehmend aufgabenabhängig auswählen.
6 Muster in den Aufgaben erkennen und nutzen.   **7** Eigene Aufgaben finden.

17

(K, A, D)   → Arbeitsheft, Seite 7

Rechenwege bei der Subtraktion

1 Wie rechnet ihr 52 – 38? Beschreibt. Findet verschiedene Rechenwege.

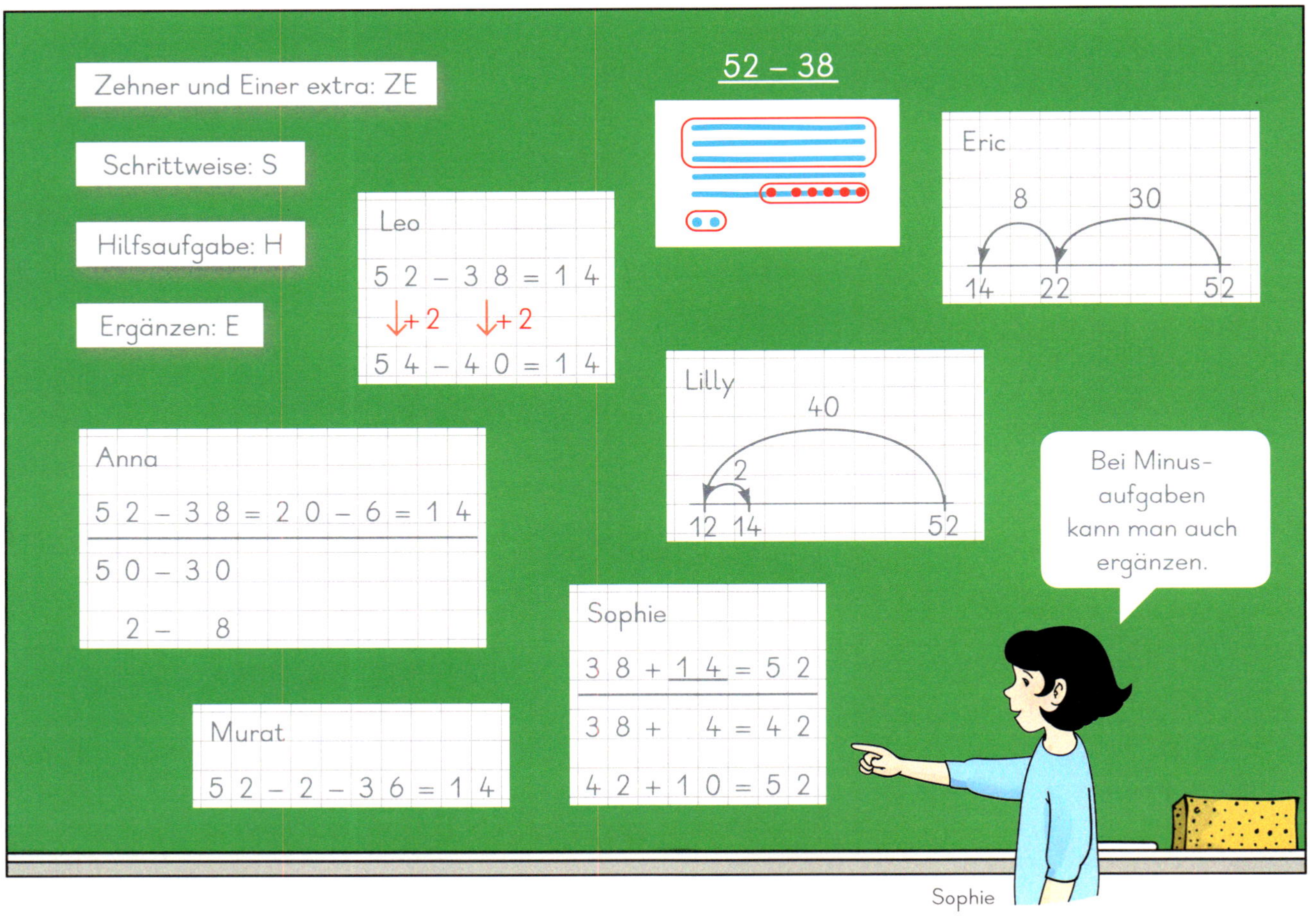

52 – 38

Zehner und Einer extra: ZE

Schrittweise: S

Hilfsaufgabe: H

Ergänzen: E

Leo
5 2 – 3 8 = 1 4
↓+2   ↓+2
5 4 – 4 0 = 1 4

Eric
8   30
14   22   52

Anna
5 2 – 3 8 = 2 0 – 6 = 1 4
5 0 – 3 0
2 –   8

Lilly
40
2
12 14   52

Murat
5 2 – 2 – 3 6 = 1 4

Sophie
3 8 + 1 4 = 5 2
3 8 +   4 = 4 2
4 2 + 1 0 = 5 2

Bei Minus-
aufgaben
kann man auch
ergänzen.

Sophie

2 Rechnet geschickt.

a) Wie rechnet ihr? Beschreibt und erklärt eure Rechenwege.

43 – 29

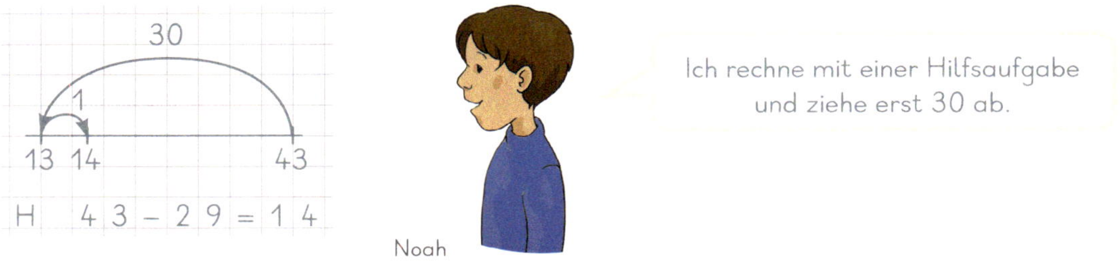

30
1
13 14   43
H   4 3 – 2 9 = 1 4

Noah

Ich rechne mit einer Hilfsaufgabe
und ziehe erst 30 ab.

| 73 – 29 | 46 – 37 | 72 – 34 | 54 – 22 | 74 – 38 | 54 – 24 |
| 64 – 58 | 85 – 79 | 85 – 28 | 66 – 18 | 43 – 12 | 57 – 38 |

b) Vergleicht und ordnet die Aufgaben nach den Rechenwegen.

Schrittweise   Zehner und Einer extra   Hilfsaufgabe   Ergänzen

1 Aufgabe auf eigenen Wegen rechnen und im Klassengespräch vergleichen (Mathekonferenz). Mit Rechenwegen der Seite
vergleichen, evtl. neue Wege besprechen.   2 Rechenstrategien aufgabenabhängig wählen und begründen.

(K, A, D)   → Arbeitsheft, Seite 8

3 Hilfsaufgaben: Rechne und schreibe den Rechenweg wie Anton oder wie Till.

Die 2. Zahl liegt nah bei einer Zehnerzahl. Ich ziehe erst 40 ab und addiere dann 2.

53 − 38

Ich vergrößere beide Zahlen um 2. Dann bleibt die Differenz gleich.

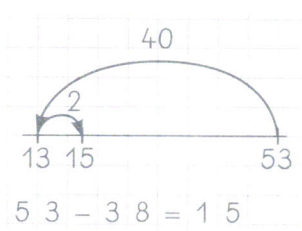

Anton

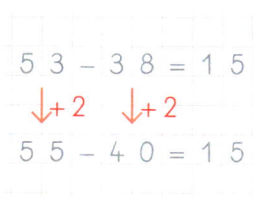

Till

a) 53 − 38   b) 37 − 19   c) 51 − 38   d) 74 − 18   e) 63 − 34   f) 73 − 28   g) 68 − 49

h) Finde Aufgaben, die du mit Hilfsaufgaben rechnest. Erkläre.

4 Rechne geschickt.

a) 70 − 20	b) 81 − 20	c) 62 − 32	d) 76 − 46	e) 90 − 45
70 − 23	81 − 22	62 − 33	76 − 48	92 − 45
71 − 23	82 − 23	61 − 33	77 − 48	92 − 46

5 Wählt immer zwei Zahlen. Findet Minusaufgaben.

| 7 | 15 | 18 | 24 | 29 | 33 | 45 | 57 | 68 | 79 |

Die Differenz ist ...

a) ... kleiner als 50.   b) ... gleich 50.   c) ... größer als 50.

5 a) 7 9 − 5 7 = 2 2   5 b) 7 9 − 2 9 = 5 0   5 c) 7 9 − 1 5 = 6 4

6 In das Album passen 72 Sticker. Wie viele Sticker fehlen den Kindern noch?

a) Anton hat 25 Sticker.

b) Max hat 22 Sticker.

c) Murat hat 54 Sticker.

d) Sophie hat 36 Sticker.

e) Finn hat 29 Sticker.

f) Leo hat 18 Sticker.

Ich habe schon 25 Sticker im Album.

$25 + \underline{\quad} = 72$
Wie viele fehlen dir noch?

Metin

Anton

3 Strategie *Hilfsaufgabe* weiterentwickeln und vertiefen.   4 Rechenwege zunehmend aufgabenabhängig auswählen.
5 Eigene Aufgaben finden.   6 *Ergänzen* im Kontext wiederholen.

19

(K, A, D) → Arbeitsheft, Seite 8

Rückblick

Ich kann Mal- und Geteiltaufgaben geschickt lösen.   mit 2 mit 5 mit 10 Quadrat

Ich kann Rechenwege für Plus- und Minusaufgaben finden und beschreiben:
Zehner und Einer extra, Schrittweise, Hilfsaufgabe, Ergänzen.
Ich kann schöne Päckchen beschreiben und erfinden.

Addieren: Plusrechnen   **Summe**: Ergebnis einer Plusaufgabe
Subtrahieren: Minusrechnen   **Differenz**: Ergebnis einer Minusaufgabe
Multiplizieren: Malrechnen
Dividieren: Geteiltrechnen

1 Rechne geschickt.

a) $2 \cdot 6$ b) $5 \cdot 4$ c) $3 \cdot 3$ d) $20 : 2$ e) $70 : 7$ f) $25 : 5$
   $3 \cdot 6$ $6 \cdot 4$ $4 \cdot 3$ $18 : 2$ $63 : 7$ $30 : 5$

2 Rechne geschickt.

a) $5 \cdot 6$ b) $4 \cdot 4$ c) $3 \cdot 2$ d) $5 \cdot 1$ e) $8 \cdot 2$ f) $5 \cdot 5$
   $5 \cdot 7$ $3 \cdot 4$ $4 \cdot 3$ $6 \cdot 2$ $8 \cdot 3$ $6 \cdot 6$
   $5 \cdot 8$ $2 \cdot 4$ $5 \cdot 4$ $7 \cdot 3$ $8 \cdot 4$ $7 \cdot 7$

3 Rechne einfache Aufgaben.

a) $43 + 20$ b) $36 + 4$ c) $72 - 20$ d) $45 - 5$ e) Finde 5 einfache
   $43 + 50$ $36 + 7$ $72 - 50$ $45 - 7$ Plus- und Minusaufgaben.

4 Wie rechnest du?

a) $34 + 25$ b) $26 + 49$ c) $56 - 24$ d) $45 - 29$ e) Finde 5 Plus- und
   $51 + 35$ $36 + 29$ $52 - 34$ $41 - 37$ Minusaufgaben.

5 Schöne Päckchen: Was fällt dir auf? Beschreibe und erkläre. Setze fort.

a) $35 + 5$ b) $46 + 14$ c) $56 + 24$ d) $78 + 19$
   $45 + 5$ $45 + 15$ $56 + 34$ $79 + 20$
   $55 + 5$ $44 + 16$ $56 + 44$ $80 + 21$

6 ⚡ **Übt immer wieder.**

Einmaleins an der Einmaleins-Tafel (Seite 7)   Einmaleins umgekehrt (Seite 9)
Verdoppeln im Hunderter (Seite 12)   Halbieren im Hunderter (Seite 13)

Wesentliche Aspekte des Kapitels noch einmal reflektieren. Über den Lernstand sprechen.

■ → Arbeitsheft, Seite 9

Forschen und Finden: Zahlengitter

Nach unten rechne ich immer plus 7, nach rechts immer plus 8.

Die Startzahl wird um 1 erhöht. Diese Zahl wird auch um 1 größer.

Was passiert mit der Zielzahl?

Pluszahl +8

Startzahl

0	8	16
7	15	23
14	22	30

+7

Zielzahl

Noah

Marta

+8

| 1 | 9 | |

Kim

1 Rechnet Zahlengitter mit den Pluszahlen 7 und 8.

a) Startzahl: 0   Startzahl: 1   Startzahl: 2

b) Startzahl: 4   Startzahl: 6   Startzahl: 8

c) Startzahl: 5   Startzahl: 10   Startzahl: 15

d) Was fällt euch auf?

Alle Zahlen werden um 1 größer.

Anna

2 Rechnet Zahlengitter mit der Startzahl 0. Was passiert mit der Zielzahl?

a) Pluszahlen: 7, 9   Pluszahlen: 7, 10   Pluszahlen: 7, 11

b) Pluszahlen: 12, 13   Pluszahlen: 17, 18   Pluszahlen: 22, 23

c) Was fällt euch auf? Erklärt.

3 Findet verschiedene Zahlengitter. Ordnet und erklärt.

a) Die Startzahl ist 0 und die Zielzahl ist 20.   b) Die Startzahl ist 10 und die Zielzahl ist 20.

4 Findet Zahlengitter zu den Zielzahlen.

a) 25   b) 26   c) 27   d) 28   e) 29   f) 30

g) Findet eigene Zahlengitter.

Aufgabenformat „Zahlengitter" kennenlernen. **1–4** Operative Veränderungen an den Zahlengittern durchführen. Beziehungen der Zahlengitter untereinander entdecken und mithilfe der Termdarstellung begründen.

21

■ (P, K, A) → Arbeitsheft, Seite 10

Mit Geld rechnen

10 €	1 €	10 ct	1 ct
3	2	0	8

Ich schreibe den Betrag in die Tabelle.

Lena

32,08 €

Ich schreibe den Betrag mit Komma.

Eva

32 Euro und 8 Cent kann ich auch anders legen.

Eri[c]

---

1 Wie viel Euro sind es?

Schreibt den Betrag in eine Tabelle und mit Komma.

100 ct = 1,00 €
10 ct = 0,10 €
1 ct = 0,01 €
1 € 1 ct = 1,01 €
1 € 10 ct = 1,10 €

a)

1 a)	10 €	1 €	10 ct	1 ct	
	2	1	0	5	21,05 €

b)

c)

d)

e)

f)

g)

h)

i)

j) (zehn 1-Cent-Münzen)

---

2 Legt, sprecht und vergleicht die Beträge.

Das sind 6 Euro und 50 Cent.

6 Euro 50

Lena   Eric

a)

6,50 €	6,05 €	6 € 5 ct
65 ct	60,50 €	0,65 €

b)

38 €	3,80 €	0,38 €
3 € 80 ct	30,08 €	3 € 8 ct

c)

0,01 €	10 €	1 € 10 ct
1 € 1 ct	0,10 €	1 €

---

1 Kommaschreibweise von Geldbeträgen im Unterrichtsgespräch an der Stellentafel erklären. Geldbeträge eintragen. Ggf. auch unkonventionelle Schreibweise ansprechen, z. B. 0,5 €. **2** Sprech- und Schreibweise bei gemischten Geldbeträgen (Euro und Cent) vergleichen, die Bedeutung der Ziffern hinter dem Komma hervorheben.

■ (M, D) → Arbeitsheft, Seite 11

○ **3** Lege mit Rechengeld und schreibe mit Komma. Setze fort.

a) Immer 5 Cent dazu.

10 €	1 €	10 ct	1 ct
1	2	9	1
1	2	9	6
1	3	0	1

3 a)   12,91 €
        12,96 €

b) Immer 20 Cent dazu.

10 €	1 €	10 ct	1 ct
2	9	7	4
2	9	9	4

○ **4** Schreibe Preislisten.

Eiskugeln

Anzahl	Preis
1	1,10 €
2	2,20 €
3	
4	
5	

Waffeln

Anzahl	Preis
1	2,50 €
2	
3	
4	
5	

Eisschokolade

Anzahl	Preis
1	3,50 €
2	
3	
4	
5	

Eisdiele am Markt
Eiskugel 1,10 €
Sahne 0,80 €
Waffel 2,50 €
Eisschokolade 3,50 €

○ **5** Wie viel kostet es?

a)

b)

c)

5 a)   2,20 € + 2,20 € =

d)

e)

f)   Finde Aufgaben.

○ **6** Schreibt passende Bestellungen. Was kostet zusammen …

a) … 7,00 €?   b) … 6,60 €?   c) … 5,20 €?   d) … 18,00 €?

○ **7** a) Mila bezahlt 3,30 Euro für ein Eis. Wie viele Eiskugeln hat sie gekauft?

b) Noah gibt dem Eisverkäufer 10,00 Euro und bekommt 5,60 Euro zurück.
   Was kann er gekauft haben?

c) Lilly, Sophie und Finn haben zusammen 7,50 Euro. Was können sie kaufen?

d) Kim, Anton und Eric haben zusammen 10,00 Euro. Jeder möchte zwei Kugeln Eis mit Sahne.
   Reicht das Geld?

e) Findet Rechengeschichten.

3 Geldbeträge verändern und ablesen.   4 Preislisten schreiben.   5 Mit den Preislisten die Beträge berechnen.
6, 7 Sachaufgaben mit den Preislisten lösen. Über den Lernstand sprechen.
Weiterführung und Vertiefung: Thema Selbstbestimmtes Verbraucherverhalten.

23

■ (M, P) → Arbeitsheft, Seite 12

Sachaufgaben

Schwimmbad »Ahoi«

	Erwachsene	Kinder
2-Stunden-Karte	8,00 €	4,00 €
Jede weitere angefangene Stunde	3,00 €	1,50 €
Tageskarte	12,00 €	6,00 €

Kiosk

Eis	1,30 €
Limo	1,50 €
Taucherbrille	12,50 €
Schwimmnudel	4,50 €
Wasserball	3,50 €

○ **1** Berechnet die Preise.

a)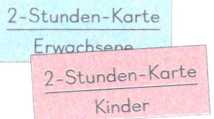

b)

c)

1 a)   8,0 0 € + 4,0 0 € + 1 2,5 0 € =

d)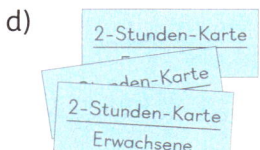

e)

f) Findet weitere Aufgaben.

● **2** Welche Fragen könnt ihr beantworten?

a) Hat das Schwimmbad auch an Feiertagen geöffnet?

b) Vier Kinder möchten schwimmen gehen. Reichen 20 Euro für den Eintritt?

c) Kim und Lilly gehen um 16 Uhr schwimmen. Wie lange hat das Bad geöffnet?

d) Herr Hübscher kauft sich um 16 Uhr eine 2-Stunden-Karte. Um 18.30 Uhr verlässt er das Schwimmbad. Wie viel Euro muss er nachzahlen?

e) Kim hat 10 Euro. Sie kauft sich eine 2-Stunden-Karte. Nun möchte sie sich noch ein Eis und eine Schwimmnudel kaufen. Reicht das Geld?

f) Sophie bezahlt beim Kiosk mit einem 20-Euro-Schein. Sie bekommt 7,50 Euro zurück. Was kann sie gekauft haben?

 Preistabellen gemeinsam betrachten und erläutern. **1** Preise ggf. mit Rechengeld berechnen. **2** Überprüfen, welche Fragen anhand der Preistabellen beantwortet werden können. Anschließend Aufgaben lösen.

■ (D, M) → Arbeitsheft, Seite 13

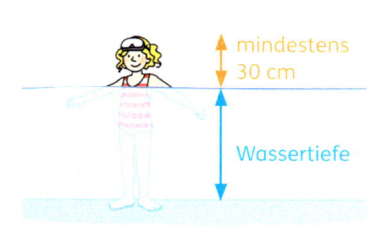

mindestens
30 cm

Wassertiefe

Ein Kind sollte mindestens 30 Zentimeter größer sein als die Wassertiefe, damit es im Nichtschwimmerbecken gut stehen kann.

Schwimmabzeichen Bronze

– Sprung kopfwärts vom Beckenrand und mindestens 200 Meter Schwimmen (davon 150 m in Bauch- oder Rückenlage und 50 m in der anderen Körperlage) in 15 Minuten
– einmal ca. 2 Meter Tieftauchen von der Wasseroberfläche mit Heraufholen eines Gegenstandes
– Paketsprung vom Startblock oder 1 m-Brett
– Kenntnis der Baderegeln

3 Welche Kinder sind groß genug für das Nichtschwimmerbecken?

a) Wassertiefe 100 cm

b) Wassertiefe 90 cm

Paula: 1m 32 cm   Noah: 1m 36 cm

Kim: 1m 19 cm   Mila: 1m 22 cm

Murat: 1m 29 cm   Anton: 1m 28 cm

Eva: 1m 18 cm   Finn: 1m 28 cm

4 Esra, Anna und Metin üben für das Schwimmabzeichen in Bronze.

a) Sie müssen 2 Meter tief tauchen. Wie viele Zentimeter fehlen noch?

Esra
Tauchtiefe: 1m 80 cm

Anna
Tauchtiefe: 1m 35 cm

Metin
Tauchtiefe: 1m 55 cm

b) Sie müssen mindestens 200 Meter in 15 Minuten schwimmen. Eine Bahn ist 25 Meter lang.

Anna ist bereits 100 Meter weit geschwommen. Wie viele Bahnen fehlen ihr noch?

Metin schwimmt in 15 Minuten 10 Bahnen. Ist er schnell genug?

Esra schwimmt um 12.15 Uhr los. Wann muss sie 200 Meter weit geschwommen sein?

5 Die Kinder wollen 30 Minuten lang schwimmen. Die Uhren zeigen, wann sie ins Wasser gehen. Wann hören sie auf zu schwimmen?

a)

Paula

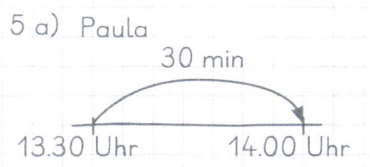
5 a) Paula
30 min
13.30 Uhr   14.00 Uhr

b)

Eva

c)

Anton

d)

Murat

6 Informiert euch über Baderegeln und die Schwimmabzeichen. Ihr könnt dazu auch im Internet recherchieren.

3, 4 Die Abkürzungen m und cm ansprechen, Sachaufgaben auf eigenen Wegen lösen. **5** Uhrzeiten ablesen Zeitpunkte berechnen. **6** Baderegeln und Anforderungsbereiche bei den Schwimmabzeichen besprechen. Über den Lernstand sprechen. *Weiterführung und Vertiefung: Thema Gesundheit.*

 25

■ (D, M) → Arbeitsheft, Seite 13

Würfelgebäude

Ich sehe den Dreierturm vorne links.

Von hier aus steht der Dreierturm hinten rechts.

Finn

Kim

1 Immer 10 Würfel

1	3	2
2	1	1

1	1	2
3	2	1

2	2	2
1	2	1

2	2	1
2	2	1

a) Baut nach dem Plan.

b) Immer 2 Kinder haben nach dem gleichen Plan gebaut. Ordnet die Namen den Plänen zu.

1 b) | 1 | 3 | 2 | Marta und Anna
     | 2 | 1 | 1 |

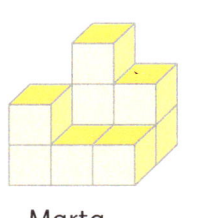

Marta

Till

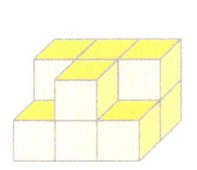

Eric

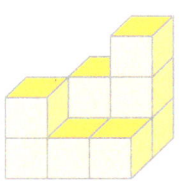

Kim

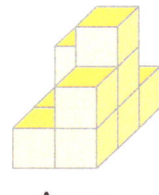

Anna

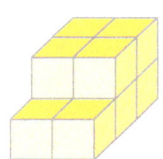

Anton

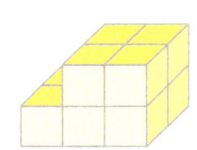

Paula

Finn

2 Ein Bauplan stimmt nicht. Erklärt und zeichnet neu.

Lena

Esra

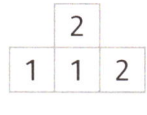

Max

Till

Till

Max

Lena

Esra

3 Baut Gebäude mit 5 (6, …) Würfeln.
Zeichnet die Baupläne von allen vier Seiten.

1 Würfelgebäude nach den Bauplänen bauen. Untersuchen, welche Gebäude zum gleichen Bauplan gehören. **2** Falschen Bauplan erkennen. Fehler erklären, Bauplan neu zeichnen. **3** Eigene Würfelgebäude bauen und alle vier Baupläne zeichnen.

■ (P, A, D) → Arbeitsheft, Seite 14

1.

Paula   Sophie

2. Ich lege einen Würfel dazu.

3. Dann drehe ich das Gebäude.

4. Den Würfel hast du dazugelegt.

 4 Spielt „**Würfelumbau**". Legt immer …

a) … einen Würfel dazu.   b) … einen Würfel weg.   c) … einen Würfel um.

5 Immer 8 Würfel: Nehmt einen Würfel weg. Welche Gebäude können entstehen?
Findet alle Möglichkeiten und zeichnet die Baupläne.

a)

5 a)

vorher	nachher
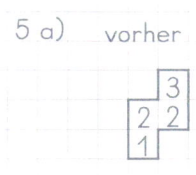	

b) 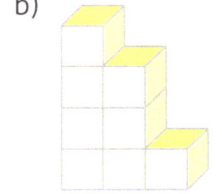   c)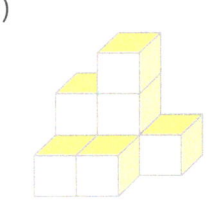

d) Baut ein eigenes Würfelgebäude. Nehmt einen Würfel weg.
Findet verschiedene Möglichkeiten und zeichnet die Baupläne.

6 Baut auf dem Plan und zeichnet die Baupläne.
Wie viele Möglichkeiten gibt es?

a) Baut mit 6 Würfeln.

b) Baut mit 7 Würfeln.

c) Baut mit 8 Würfeln.

Ich habe zuerst auf jede Stelle einen Würfel gelegt.

Leo

4 Das Spiel ausgehend von den selbst gezeichneten Bauplänen aus Aufgabe 3 spielen. Veränderung im Würfelgebäude und Bauplan zeigen.   5 Verschiedene Möglichkeiten finden, genau einen Würfel wegzunehmen. Baupläne zeichnen.
6 Mit 6, 7, … Würfeln auf dem Bauplan bauen. Dabei darauf achten, dass gedrehte Gebäude gleich sind.

(P, K, D) → Arbeitsheft, Seite 14

Orientierung im Tausenderraum

H	Z	E		
3	4	2	3 4 2	

Das sind 3 Hunderter,
4 Zehner und 2 Einer.

Anton

Dreihundertzweiundvierzig,
ich schreibe erst die Hunderter,
dann die Zehner, dann die Einer.

300

40

2

Sophie

Bündeln

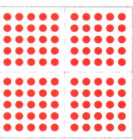

der Einer •
10 Einer = 1 Zehner

der Zehner •••••••••
10 Zehner = 1 Hunderter

der Hunderter
10 Hunderter = 1 Tausender

1 Wie zählen die Kinder? Beschreibt.

Es sind 21 Zehner
und 5 Einer.
Wir können bündeln.

20 Zehner sind
2 Hunderter, bleiben
noch 1 Zehner
und 5 Einer.

200 und 10 und 5,
das sind
zweihundertfünfzehn.

Zweihundertfünfzehn,
erst schreibe ich
die Hunderter, dann die
Zehner, dann die Einer.

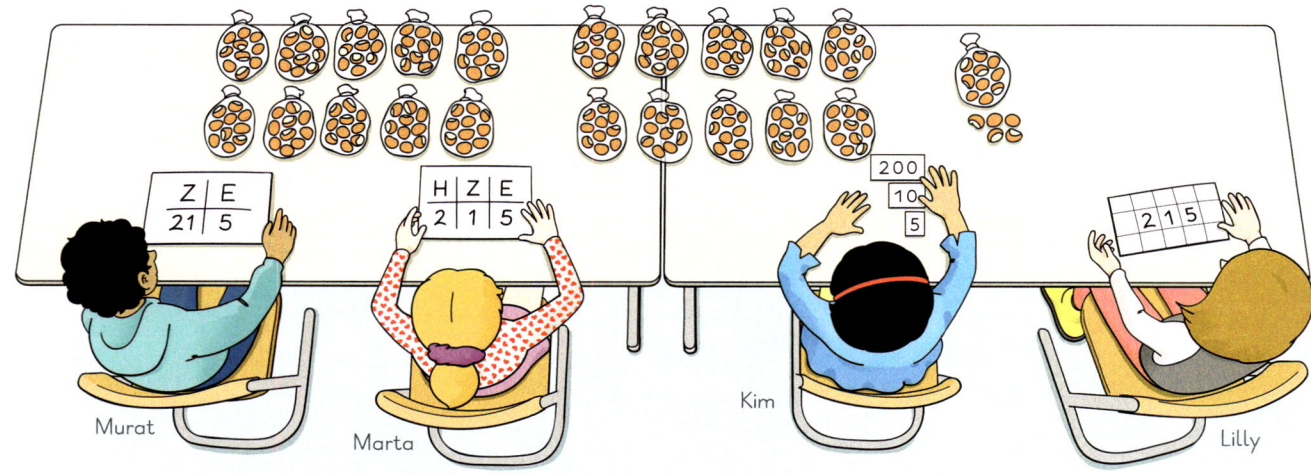

Murat

Marta

Kim

Lilly

2 Zählt weitere Gegenstände. Wie viele sind es? Bündelt ebenso.

Zahlen bis 1000 lesen und darstellen lernen. **1** Unstrukturierte Anzahlen bündeln, Hunderter als fortzusetzende Einheit (10 Z = 1 H) bewusst erfahren, Darstellungen (Stellentafel, Stellenkarten, Bündel) vergleichen. **2** Mengen an unstrukturierten Materialien (Eicheln, Büroklammern, …) geschickt bündeln, Ergebnisse präsentieren und vergleichen.

▦ (K, D) → Arbeitsheft, Seite 15

Zählen, Bündeln und Schätzen

○ **3** Wie viele Hunderter (**H**), wie viele Zehner (**Z**), wie viele Einer (**E**) sind es?

Das sind
23 Zehner
und 5 Einer.

Wir bündeln immer
10 Zehner zusammen
zu 1 Hunderter.

Das sind 2 Hunderter, 3
Zehner und 5 Einer, also
200 + 30 + 5.

Zweihundertfünfunddreißig,
ich schreibe erst
die Hunderter, dann
die Zehner, dann die Einer.

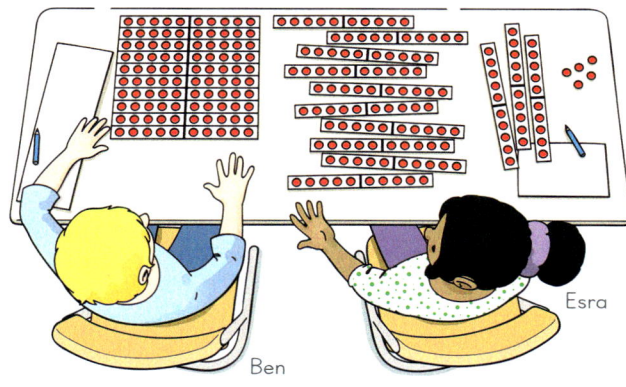
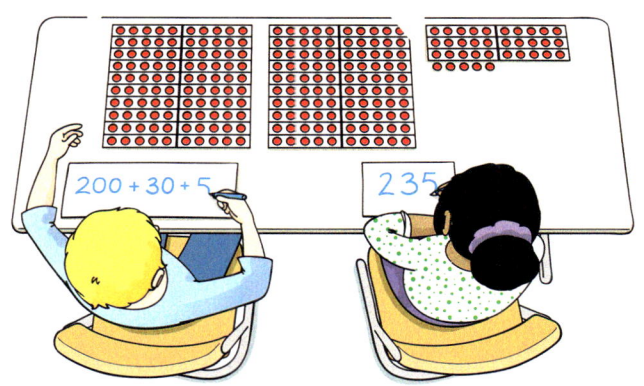

Ben   Esra

a)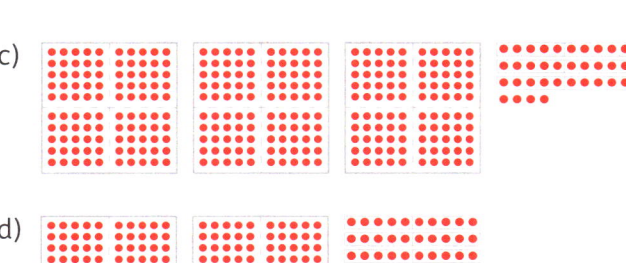

3 a)   2 0 0 + 3 0 + 5 = 2 3 5

b)

c)

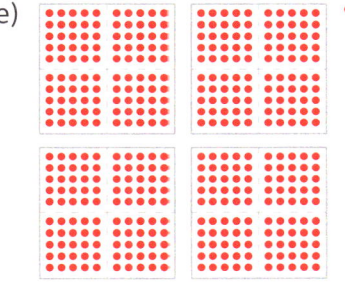

d)

e)

○ **4** Wie viele sind es ungefähr? Schätzt und zählt geschickt.

3 Zehnerbündelungen herausstellen: 10 Einer sind 1 Zehner, 10 Zehner sind 1 Hunderter.   4 Zum Schätzen und Zählen
Bündelungseinheiten schaffen oder vorhandene Strukturen sinnvoll nutzen, evtl. dafür Folien bereitstellen, damit die Kinder
eigene Raster aufzeichnen können, um diese zum Zählen zu nutzen.

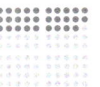 29

■ (K, D) → Arbeitsheft, Seite 15

Die Zahlen bis 1000

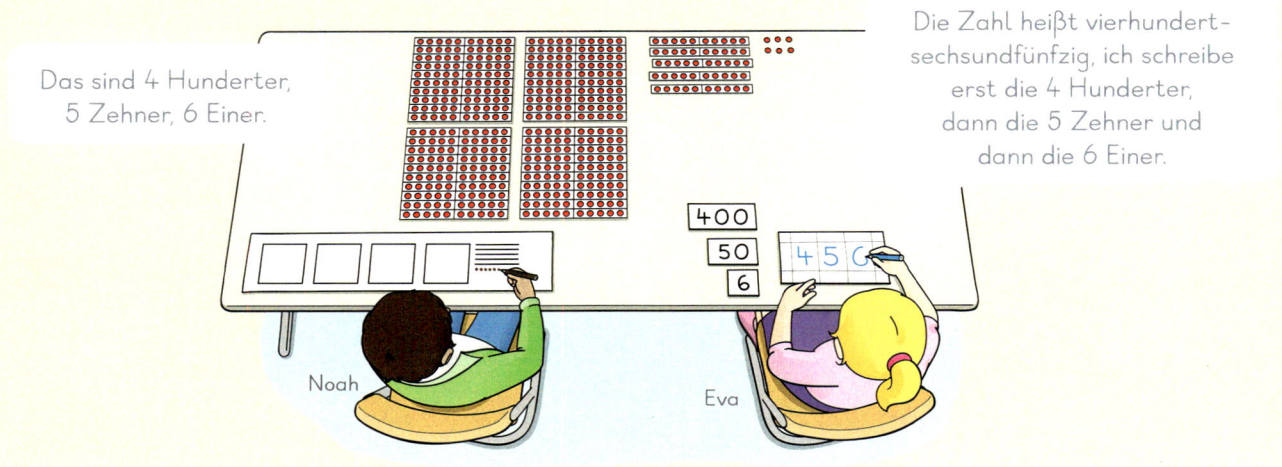

Das sind 4 Hunderter, 5 Zehner, 6 Einer.

Die Zahl heißt vierhundert-sechsundfünfzig, ich schreibe erst die 4 Hunderter, dann die 5 Zehner und dann die 6 Einer.

400
50
6

4 5 6

Noah

Eva

So kannst du Zahlbilder lesen und zeichnen:

der Hunderter   der Zehner   der Einer

○ **1** Zeichne die Zahlbilder, sprich und schreibe.

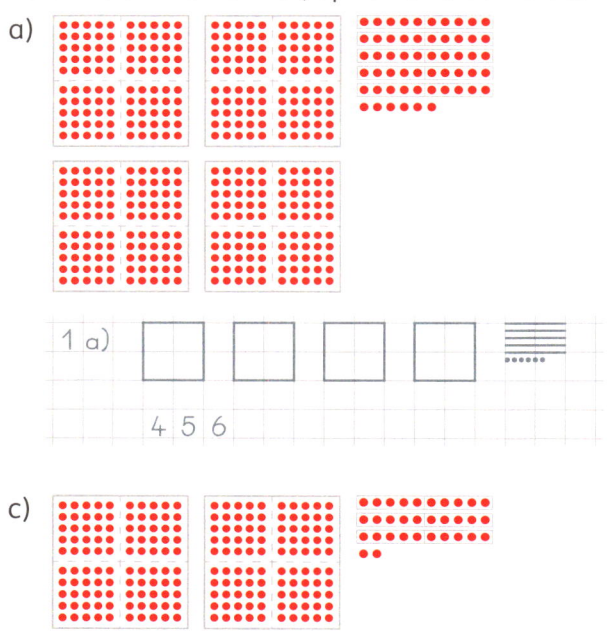

a)

1 a)

4 5 6

c)

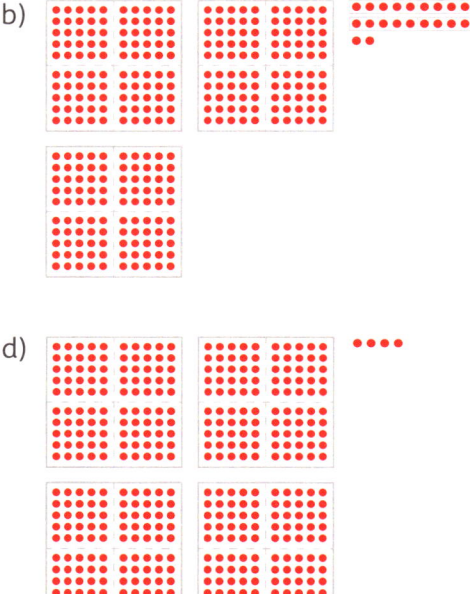

b)

d)

○ **2** Zählt vorwärts und rückwärts. Was fällt euch auf?

dreihundert**zehn**	dreihundert**zwanzig**	dreihundert**dreißig** …
310	320	330
three hundred and ten	three hundred and twenty	three hundred and thirty
üç yüz on	üç yüz yirmi	üç yüz otuz

Mit den Punktefeldern (evtl. auch mit Zehnersystemblöcken) Stellenwerte bewusst thematisieren (Prinzip der fortgesetzten Bündelung, stellengerechte Anordnung). **1** Anzahlen bestimmen und zeichnerisch darstellen (evtl. passende Zahlenkarten legen). **2** Aufbau des Zahlwortes besprechen, Schreib- und Sprechweise thematisieren (erst H, dann Z, dann E notieren).

■ (K, D) → Arbeitsheft, Seite 16

○ **3** Wie heißen die Zahlen? Schreibe.

a) ▢ ▢ ⋯   3 a)   2 0 0 + 3 = 2 0 3   b) ▢ ▢ ▢ ▢ ▢ ▢ ˌ

c) ▢ ▢ ▢ ⋯⋯      d) ▢ ▢ ▢ ▢ ▤

e) ▢ ▢ ▭   f) ▢ ▢ ▢ ⋯

○ **4** Zeichne die Zahlbilder. Schreibe die Zahlen.

a) ┌1 0 0┐   4 a) ▢ ▤   b) ┌2 0 0┐   c) ┌4 0 0┐   d) Wähle eigene Zahlen.
   │ 2 0 │   1 2 4   │ 3 0 │   │ 4 0 │   Zeichne und schreibe
   └ 4 ┘   └ 6 ┘   └ 4 ┘   ebenso.

✳ **5** Finde viele verschiedene Zahlen. Wie gehst du vor?

a) mit ┌3 0 0┐   5 a) 3 2 1   b) mit ┌5 0 0┐   c) mit ┌2 0 0┐   d) mit ┌   ┐
       │ 2 0 │   3 2 2   │ 4 0 │   │   │   │ 5 0│
       │   │   3 2 3   │   │   │   4 │   │   6 │
       └   ┘   └   ┘   └   ┘   └   ┘

○ **6** Lies die Zahlen.
   Lege sie und schreibe sie auf.
   a) siebenhundertdreiundfünfzig

   6 a)   7 0 0 + 5 0 + 3 = 7 5 3

   b) fünfhundertdreiundsiebzig

   c) fünfhundertsiebenunddreißig

   d) achthundertzweiundsechzig

   e) sechshundertachtundzwanzig

○ **7** Zahlendiktat: Wie heißt die Zahl?

○ **8** Zählt vorwärts und rückwärts. Was fällt euch auf?

dreihundert**ein**und**dreißig**   dreihundert**zwei**und**dreißig**   dreihundert**drei**und**dreißig** …

331   332   333

three hundred and thirty-one   three hundred and thirty-two   three hundred and thirty-three

üç yüz otuz bir   üç yüz otuz iki   üç yüz otuz üç

3–5 Lesen und Zeichnen von Zahlbildern, Fünferstruktur nutzen (Lücke lassen nach 5 Z bzw. 5 E; oder halben Zehnerstrich). Zahlen zunehmend systematisch legen.   **6** Zahlwörter lesen.   **7** Zahlendiktat: Ein Kind legt oder zeichnet Zahlbilder, das andere Kind nennt und notiert die Zahl.   **8** Zahlwörter in verschiedenen Sprachen vergleichen.

(K, D)   → Arbeitsheft, Seite 16

Die Stellentafel

Zahlen werden mit Ziffern geschrieben. Das sind 0, 1, 2, 3, 4, 5, 6, 7, 8, 9.
Aus 2 Ziffern können zweistellige Zahlen und aus 3 Ziffern dreistellige Zahlen gebildet werden.

1 Zeichne die Zahlbilder. Schreibe die Zahlen.

a)

H	Z	E
5	2	7

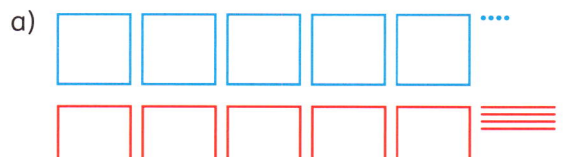

b)

H	Z	E
5	0	4

c)

H	Z	E
7	3	2

d)

H	Z	E
3	1	6

e)

H	Z	E
2	7	0

2 Schreibe die Zahlen in die Stellentafel. Vergleiche.

a)

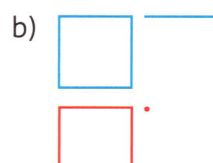

2 a)

H	Z	E
5	0	4
5	4	0

b)

c)

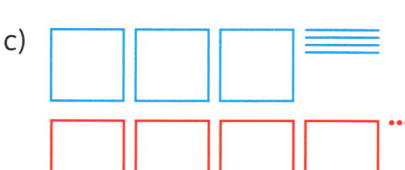

d)

3 Schreibe die Zahlen in die Stellentafel. Vergleiche.

a) 500 + 20 +   3
   20 +   4 + 500

b) 40 +   8 + 600
    8 + 600 +   80

c)   60 + 900 +   3
   300 +   3 + 60

3 a)

H	Z	E
5	2	3
5	2	4

d) 700 +   20 + 7
   70 + 700 + 7

e) 800 +   8
    9 + 900

1 Thematisieren unbesetzter Stellen und der Rolle der Null beim Schreiben von Zahlen, dazu die Zahlen als Zahlbilder darstellen. **2** Zahlbilder deuten und in die Stellentafel übertragen, Gemeinsamkeiten und Unterschiede der Aufgaben-paare markieren. **3** Additive Struktur in Stellentafel übertragen, Veränderungen erkennen und darstellen.

(K, D) → Arbeitsheft, Seite 17

4 Schreibe die Zahlen in die Stellentafel. Vergleiche.

a) Immer 1 Einer mehr

259 und 260   150 und

209 und 210   199 und

319 und 320   289 und

399 und   und

b) Immer 1 Zehner mehr

232 und 242   160 und

340 und 350   196 und

290 und 300   990 und

495 und   und

Es kommt 1 Einer dazu. _____ Jetzt sind es 10 Einer. 10 Einer sind 1 Zehner.

Max   Marta

5 Was bedeutet die fett gedruckte Ziffer?

a) 34**7**   b) **7**34   c) **2**06   d) 3**1**   e) **8**35   f) 19**9**

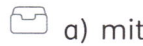 5 a)   4 Z   g) **5**93   h) 9**5**7   i) 95**7**   j) **9**57   k) 31**0**

6 Findet mit drei Ziffern möglichst viele verschiedene dreistellige Zahlen.
Welche Zahlen findet ihr?

a) mit 1 5 6

6 a)   5 6 1,   5 1 6

b) mit 0 4 7

c) mit ☐ ☐ ☐

Wir tauschen die Zehner- und die Einerziffer.

Eric

H	Z	E
5	6	1

Dann ist es 516. Was können wir noch tauschen?

Lilly

7 Legt Zahlen mit drei verschiedenen Ziffern. 0 1 2 3 4 5 6 7 8 9
Wie geht ihr vor?
Die Zahl ist ...

a) ... möglichst klein.   b) ... möglichst groß.   c) ... nah an 777.   d) ... nah an 500.

8 Spielt „**Die größere Zahl gewinnt**".
Legt die Ziffernkarten von 0 bis 9 verdeckt
auf den Tisch.

0 1 2 3 4 5 6 7 8 9

Zieht abwechselnd eine Ziffernkarte und
legt sie in die Stellentafel.
Wer die größere Zahl hat, gewinnt.

Hoffentlich ziehe ich eine 8 oder eine 9.

Finn   Sophie

4 Veränderungen von Zahlen in der Stellentafel und am Zahlbild darstellen, Forschermittel (Farben, Pfeile) zum Markieren nutzen.   5 Stellenwerte benennen.   6, 7 Zahlen mit Ziffernkarten in die Stellentafel legen, die Bedeutung der Position in der Stellentafel thematisieren (z. B. 3 kann 3 H, 3 Z oder 3 E bedeuten).   8 Spiel mit Ziffernkarten.

■ (P, K, D)   → Arbeitsheft, Seite 17

Das Tausenderfeld

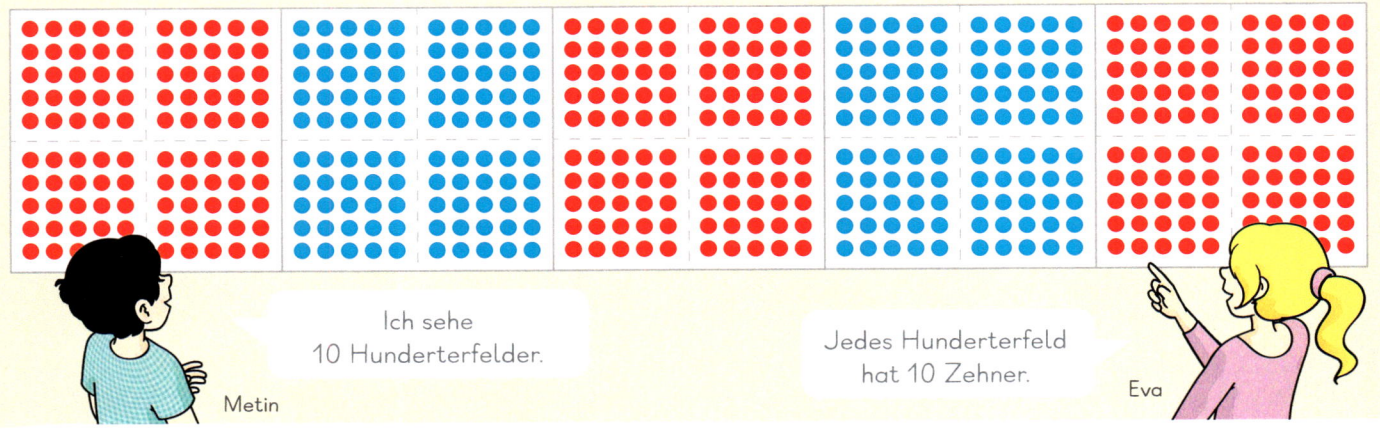

Ich sehe
10 Hunderterfelder.

Metin

Jedes Hunderterfeld
hat 10 Zehner.

Eva

1 Welche Zahlen sind es? Zeichne die Zahlbilder. Schreibe die Zahlen.

 a) 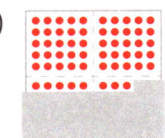   b) 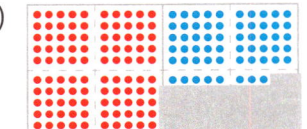   c)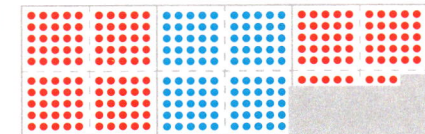

2 Zeige die Zahlen am Tausenderfeld und schreibe sie in die Stellentafel.

a) 310, 320, 330

2 a)	H	Z	E
	3	1	0
	3	2	0

b) 137, 237, 337   c) 250, 500, 750

d) 8, 88, 888   e) Wähle eigene Zahlen.

3 Schreibe die Zahlen in die Stellentafel und zerlege sie in Hunderter, Zehner und Einer.

a)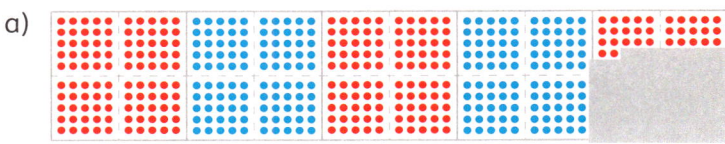

3 a)	H	Z	E
	4	3	2

$$432 = 400 + 30 + 2$$

b)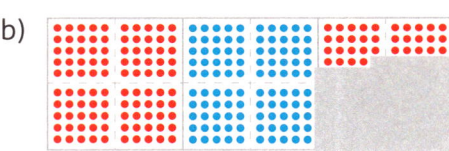

c)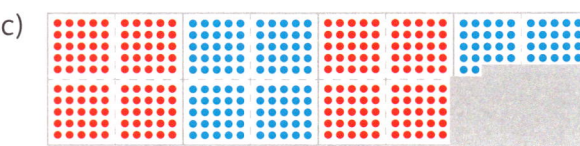

d)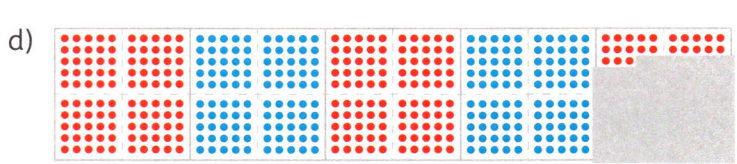

e) Vergleiche die Zahlen. Was fällt dir auf?

 **1–3** Orientierungsübungen am Tausenderfeld, Zahlen am Tausenderfeld mit Abdeckwinkel oder 2 Blättern zeigen, als Zahlbild und in der Stellentafel notieren.

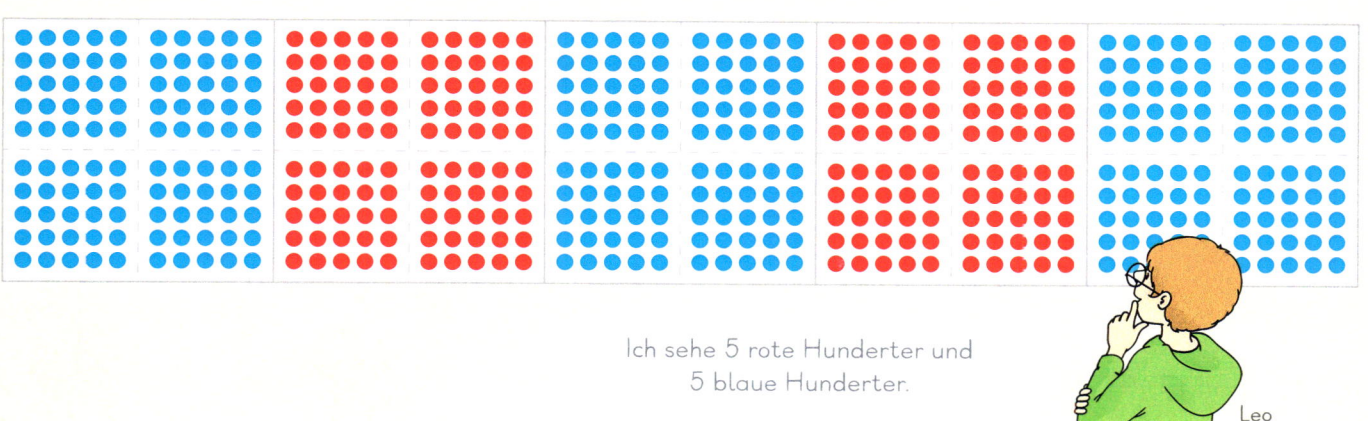

Ich sehe 5 rote Hunderter und
5 blaue Hunderter.

Leo

○ **4** Wie heißen die Zahlen?

a) 300 + 40 + 6	b) 400 + 30 + 6	c) 400 + 40 + 4	d) 900 + 30
300 + 60 + 4	400 + 60 + 3	400 + 40	900 + 30 + 7
300 + 80 + 5	700 + 10 + 9	400 + 4	900 + 70 + 3
300 + 80	700 + 10	40 + 4	900 + 9
300 + 6	700 + 9	200 + 20 + 2	900 + 90 + 9

4 a)   3 0 0 + 4 0 + 6 = 3 4 6

○ **5** Zeige die Zahlen am Tausenderfeld und zerlege sie in Hunderter, Zehner und Einer.

 a) 124, 142, 214, 241, 412, 421

    b) 321, 231, 213, 123, 312, 132

    c) 670, 760, 706, 607, 67, 76

    d) Wähle eigene Zahlen und zerlege ebenso.

5 a)   1 2 4 = 1 0 0 + 2 0 + 4

1 4 2 = 1 0 0 +

○ **6** Immer 1000: Zerlege am Tausenderfeld.

	a) 500 +	b) 400 +	c) 900 +	d) 500 +	e) Finde ebenso
	300 +	410 +	875 +	501 +	Aufgaben.
	700 +	390 +	925 +	499 +	

○ **7** ⚡ **Wie viele?**

Zahl zeigen und nennen

200 + 50 + 6

200 und 56

2 Hunderter,
5 Zehner und
6 Einer

256

zweihundertsechsundfünfzig

4, 5 Zerlegung von Zahlen notieren. Beziehungen zwischen den Zahlen erkennen.   **6** 1000 in zwei Teilmengen zerlegen, evtl. am Tausenderfeld mit Strohhalmen oder Biegeplüsch zeigen.

 35

■ (K, D)   → Arbeitsheft, Seiten 18, 19

Der Zahlenstrahl bis 1000

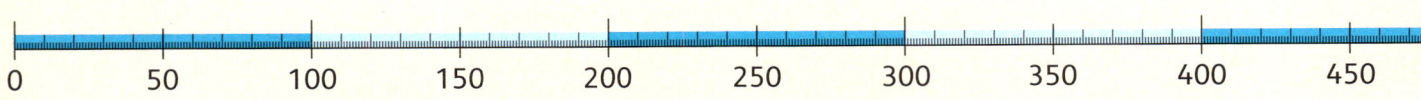

0 50 100 150 200 250 300 350 400 450

✳ **1** Beschreibt den Zahlenstrahl bis 1000.
☺☺

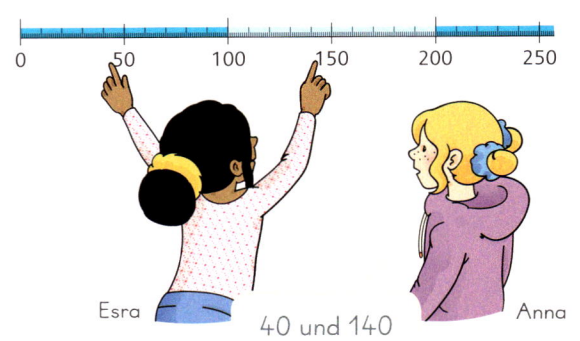
Esra 40 und 140 Anna

○ **2** Zeigt und nennt immer zwei Zahlen.
☺☺ a) 40 und 140   210 und 410   590 und 990

b) 180 und 810   350 und 530   460 und 640

c) Findet eigene Zahlenpaare.

○ **3** Zahlen vergleichen: < oder > oder = ?

a) 855 ● 585   b) 160 ● 261   c) 789 ● 879   d) 2H8E ● 28   e) 900 + 90 ● 919

580 ● 805   210 ● 21   900 ● 978   1Z2E ● 120   900 + 70 ● 971

899 ● 599   340 ● 434   897 ● 879   3H4Z ● 340   900 + 3 ● 943

▭ f) Worauf achtest du, wenn du Zahlen vergleichst?

○ **4** **Nachbarzahlen**: Zeige und schreibe auf.

a) 348, 356, 409, 510, 550

4 a)	3 4 7,	3 4 8,	3 4 9
		3 5 6	

b) 651, 708, 798, 800, 991

c) Schreibe Zahlen mit Nachbarzahlen.

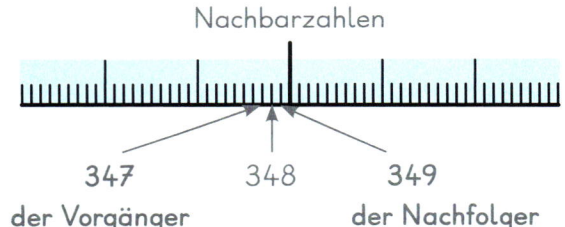
Nachbarzahlen
347   348   349
der Vorgänger   der Nachfolger

○ **5** Nachbarzahlen: Rechne zurück zum **Vorgänger** und vorwärts zum **Nachfolger**.

a) 500 − 1   b) 800 − 1   c) 999 − 1   d) 599 − 1   e) 777 − 1   f) 444 − 1

500 + 1   800 + 1   999 + 1   599 + 1   777 + 1   444 + 1

○ **6** **Nachbarzehner**: Zeige und schreibe auf.

a) 348, 654, 754, 854, 94

6 a)	3 4 0,	3 4 8,	3 5 0

b) 630, 635, 640, 645, 650

c) Schreibe Zahlen mit Nachbarzehnern.

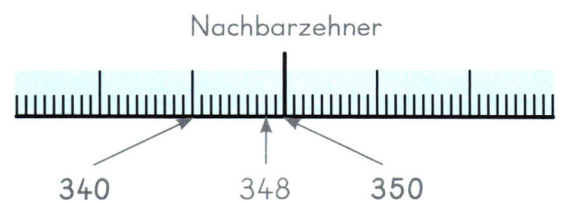
Nachbarzehner
340   348   350

1–3 Strukturen des Zahlenstrahls erarbeiten, Finden und Vergleichen von Zahlen (z.B. durch die Orientierung an Zehner- und Hunderterzahlen, Zählen in Einzelschritten vermeiden). **4–6** Begriffe *Nachbarzahlen (Vorgänger* und *Nachfolger)* und *Nachbarzehner* wiederholen.

■ (K, D) → Arbeitsheft, Seite 20

7 **Nachbarzehner**: Rechne zurück zur Zehnerzahl und vorwärts zur Zehnerzahl.

a) 312 − ☐ = 310
312 + ☐ = 320

b) 436 − ☐ = 430
436 + ☐ = 440

c) 898 − ☐ = 890
898 + ☐ = 900

d) Finde ebenso Aufgaben.

8 **Nachbarhunderter**:
Zeige und schreibe auf.

a) 840, 730, 620, 510, 404, 400

8 a)	8 0 0,	8 4 0,	9 0 0
		7 3 0	

b) 202, 220, 660, 606, 990, 909

c) Schreibe Zahlen mit Nachbarhundertern.

800 ist ein Nachbarhunderter von 840.

900 ist auch ein Nachbarhunderter von 840.

840   Ina

9 **Nachbarhunderter**: Rechne zurück zur Hunderterzahl.

a) 240 − ☐ = 200
235 − ☐ = 200
230 − ☐ = 200

9 a)	2 4 0 − 4 0 = 2 0 0
	2 3 5 − ☐ = 2 0 0

b) 526 − ☐ = 500
627 − ☐ = 600
728 − ☐ = 700

c) 436 − ☐ = 400
440 − ☐ = 400
444 − ☐ = 400

10 **Nachbarhunderter**: Rechne vorwärts zur Hunderterzahl.

a) 290 + ☐ = 300
280 + ☐ = 300
270 + ☐ = 300

b) 475 + ☐ = 500
480 + ☐ = 500
485 + ☐ = 500

c) 765 + ☐ = 800
875 + ☐ = 900
985 + ☐ = 1000

d) 175 + ☐ = ☐
375 + ☐ = ☐
575 + ☐ = ☐

11 ⚡ **Zählen in Schritten**

Startzahl und Schritte vorgeben, in Schritten zählen und zeigen

275, 10er-Schritte vorwärts

275, 285, 295 …

Die Einerstelle bleibt immer gleich.

Immer plus 10.

Nach 295 fängt ein neuer Hunderter an, also 305.

7–10 Begriffe *Nachbarzehner* und *Nachbarhunderter* besprechen und am Zahlenstrahl darstellen. Differenzen einer Zahl zu den Nachbarzehnern bzw. -hundertern ermitteln.

37

▨ (K, D) → Arbeitsheft, Seite 20

Der Rechenstrich

250 liegt in der Mitte zwischen 0 und 500.

Metin

260 liegt nah an 250.

Lena

❋ 1 Zeichne einen Rechenstrich. Trage Zahlen ungefähr ein.
Überlege: Welche Zahlen helfen dir?

| 260 | 450 | 525 | 900 | 701 | 42 |

○ 2 Trage die Zahlen ungefähr am Rechenstrich ein.

a)
```
200            300
```

| 206 | 250 | 210 | 290 | 270 | 225 |

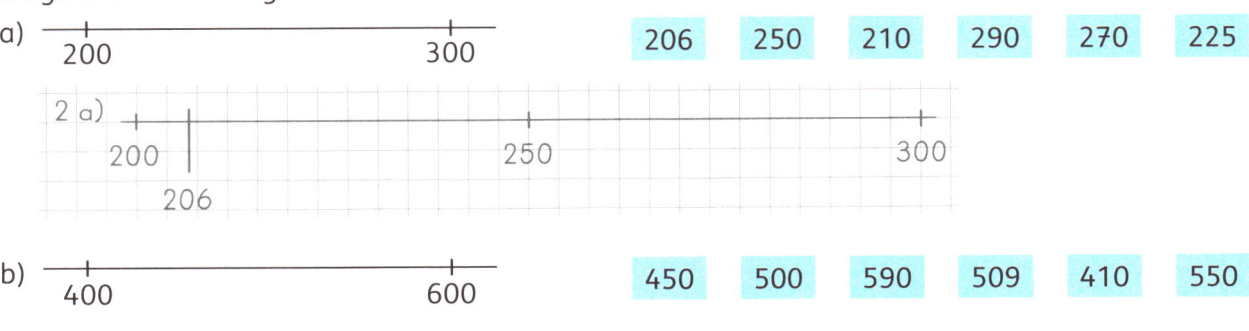

b)
```
400            600
```

| 450 | 500 | 590 | 509 | 410 | 550 |

c)
```
450            650
```

| 452 | 525 | 484 | 490 | 649 | 622 |

⬤ 3 Schritte am Rechenstrich: Zeichne und rechne. Starte mit 500, 650, 725, 830, 308.

a) Immer 10 vor und zurück

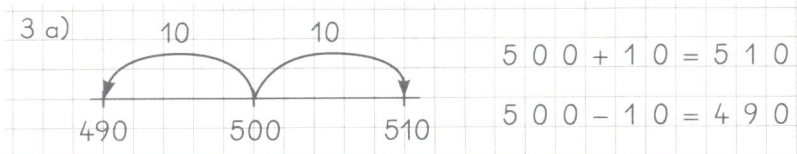

$500 + 10 = 510$

$500 - 10 = 490$

b) Immer 100 vor und zurück

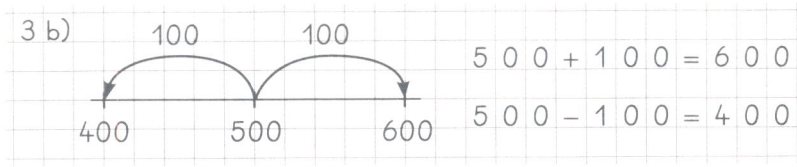

$500 + 100 = 600$

$500 - 100 = 400$

c) Immer 50 vor und zurück

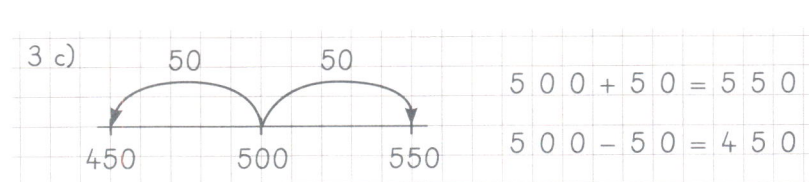

$500 + 50 = 550$

$500 - 50 = 450$

1, 2 Zusammenhang Zahlenstrahl und Rechenstrich herstellen, Abstände am Rechenstrich ungefähr bestimmen.
3 Unterschiedliche Deutungen am Rechenstrich vornehmen: in Abhängigkeit vom gewählten Ausschnitt Zahlen wählen,
Lösungen vergleichen.

■ (K, D) → Arbeitsheft, Seite 21

4 Die Mitte zwischen zwei Zahlen:

Beschreibe.

Finde die Mitte zwischen …

a) … 460 und 500.

b) … 140 und 240.

c) … 100 und 400.

d) … 500 und 1000.

e) … 390 und 420.

f) … 342 und 372.

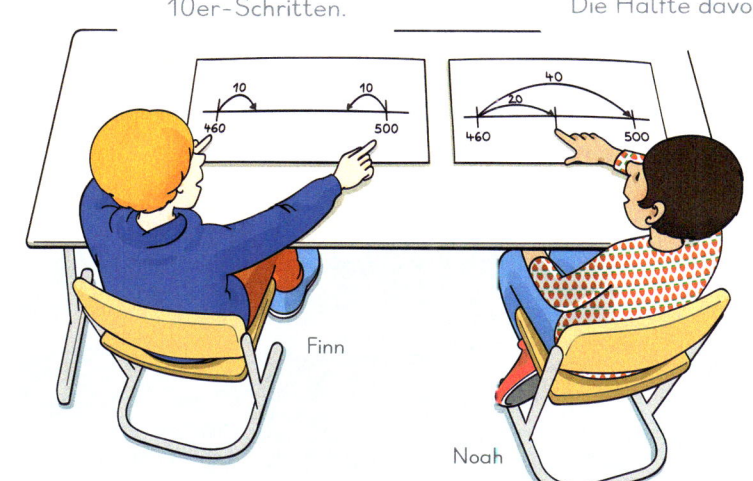

Ich probiere mit 10er-Schritten.

Ich ergänze von 460 bis 500. Das sind 40. Die Hälfte davon ist 20.

Finn

Noah

5 Ergänze erst zum nächsten Zehner, dann zum nächsten Hunderter.

Rechne und zeichne am Rechenstrich.

a) 273
   373

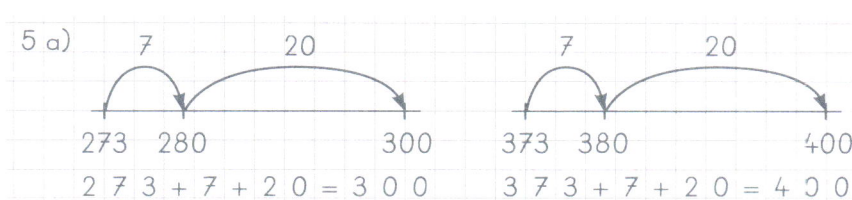

b) 503
   903

c) 555
   560

d) 614
   624

e) 430
   425

6 Ergänze bis 1000. Rechne und zeichne am Rechenstrich.

a) 352
   452

b) 658   c) 799   d) 250   e) 500   f) 832   g) 333   h) 321   i) 432
   608   798   125   50   168   444   312   234

7 Zahlenrätsel: Wie heißt die Zahl?

a) Erst 6 zum Zehner vor und
   dann 300 weiter. Ich erhalte 530.

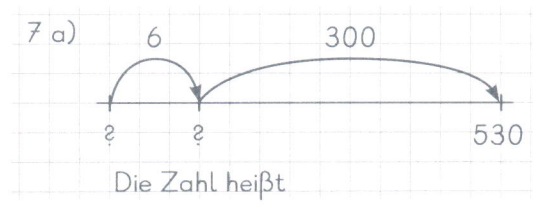

Die Zahl heißt

b) Erst 3 zum Hunderter vor und dann
   400 weiter. Ich erhalte 1000.

c) Erst 5 zum Zehner zurück und dann
   300 weiter zurück. Ich erhalte 470.

d) Finde eigene Zahlenrätsel.

4 Differenz zwischen zwei Zahlen erkunden und deren mittlere Zahl finden. Strategien beschreiben. 5, 6 Zur Stufenzahl in Schritten ergänzen. 7 Rechenstrich zum Problemlösen einsetzen: eigene Zahlenrätsel erfinden, evtl. Notation der Rätsel auf Blankokarteikarten (Lösung auf der Rückseite), Bearbeitung in Einzel- oder Partnerarbeit in freien Arbeitsphasen.

(P, K, D) → Arbeitsheft, Seite 21

39

Ich kann die Zahlen bis 1000 lesen, schreiben und vergleichen.

236   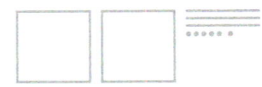   

H	Z	E
2	3	6

200 + 30 + 6

Vorgänger und Nachfolger einer Zahl heißen Nachbarzahlen: 235, 236, 237.
Die Zehnerzahlen vor und nach einer Zahl heißen Nachbarzehner: 230, 236, 240.
Die Hunderterzahlen vor und nach einer Zahl heißen Nachbarhunderter: 200, 236, 300.

○ **1** Schreibe die Zahlen in die Stellentafel.
a)   b)   c)

1 a)	H	Z	E			
	2	1	3	2	1	3

○ **2** Zeichne die Zahlbilder und zerlege.
a) 253   b) 143   c) 306
d) 150   e) 205   f) 111

2 a) $253 = 200 + 50 + 3$

○ **3** Wie heißt die Zahl?
a) 3 H, 2 Z, 0 E   b) 5 H, 11 Z, 4 E   c) 2 H, 1 Z, 12 E   d) 4 H, 10 Z, 1 E

○ **4** Zahlen vergleichen: < oder > oder = ?
a) 505 ● 605   b) 64 ● 640   c) 399 ● 401   d) 8 H, 4 Z ● 841
   505 ● 405   740 ● 74   799 ● 701   4 E, 8 H ● 840

○ **5** Schreibe die …
a) … **Nachbarzahlen** zu   b) … **Nachbarzehner** zu   c) … **Nachbarhunderter** zu
   121, 250, 576, 879.   323, 456, 673, 993.   189, 890, 980, 899.

○ **6** Zeichne einen Rechenstrich und trage die Zahlen ungefähr ein.
a) 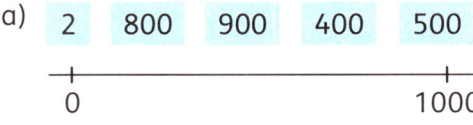   b)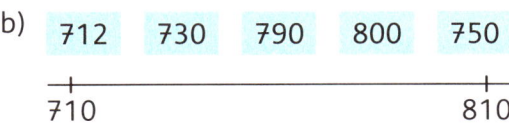

○ **7** ⚡ **Übt immer wieder.**

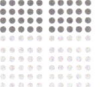 Wie viele? (Seite 35)   Zählen in Schritten (Seite 37)

Wesentliche Aspekte des Kapitels noch einmal reflektieren. Über den Lernstand sprechen.

■ (K) → Arbeitsheft, Seite 22

Forschen und Finden: Die Stellentafel

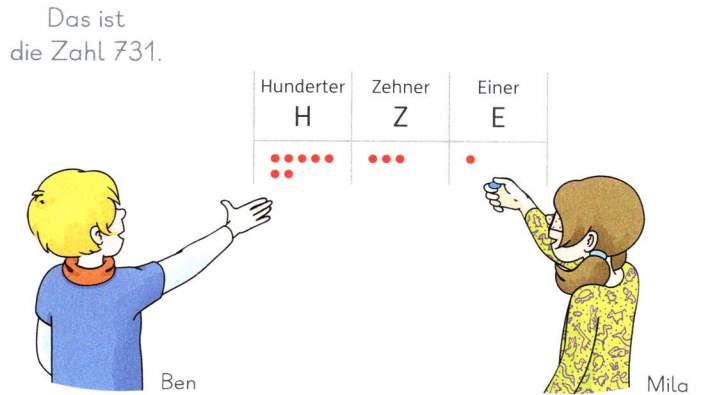

Das ist die Zahl 731.

Was passiert, wenn man das Plättchen in eine andere Spalte legt?

Ich lege ein Plättchen zu den Einerr. Dann ist es 732.

1 Legt 1 Plättchen dazu. Welche Zahlen können es sein?

a)

H	Z	E
●●●●●● ●●	●●●	●

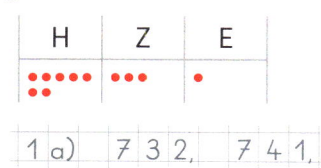

1 a) 732, 741,

b)

H	Z	E
●●●●●	●	●●●●●●

c)

H	Z	E
●●●	●●●	●●●●●

d) Wählt eigene Zahlen.

2 Nehmt 1 Plättchen weg. Welche Zahlen können es sein?

a)

H	Z	E
●●●●	●●●	●●●●●

b)

H	Z	E
●●●●●	●	●●●●●●

c)

H	Z	E
●●	●●●	●●●●●

d) Wählt eigene Zahlen.

3 Legt die Zahl. Verschiebt immer 1 Plättchen ...

a) ... von den Einern zu den Zehnern.

H	Z	E
●●●●	●●	●●●●●

b) ... von den Zehnern zu den Hundertern.

H	Z	E
●	●●●●● ●●	

c) ... von den Zehnern zu den Hundertern.

H	Z	E
●	●●●	●●●●

4 Immer gleich viele Plättchen in der Stellentafel: Welche Zahlen könnt ihr legen?
Ordnet und schreibt auf. Begründet, warum es keine weiteren Zahlen gibt.

a) Immer 1 Plättchen

4 a)

H	Z	E	H	Z	E	H	Z	E
●				●				●

100, 10, 1

b) Immer 2 Plättchen

c) Immer 3 Plättchen

d) Immer ... Plättchen

1–3 Ausgangszahl durch Hinzufügen, Wegnehmen oder Verschieben von Plättchen verändern. **4** Systematisches Vorgehen anbahnen, zum Begründen auffordern.

41

■ (P, K, A, D) → Arbeitsheft, Seite 23

Geldwerte

Cent- und Euro-Münzen

Euro-Scheine

1 Wie viel Euro sind es?

a)

      1 a)   3 3 8 €

b)

c)

d)

e)

f)

g)

2 Lege die Geldbeträge. Finde verschiedene Möglichkeiten. Zeichne oder schreibe.

 a) 120 €   b) 102 €   c) 150 €   d) 270 €   e) 301 €   f) 1000 €

2 a)   1 2 0 € = 1 0 0 € + 2 0 €

        1 2 0 € = 1 0 0 € + 1 0 € + 1 0 €

                         Max

2 a)   [100] [10] [5] (2) (2) (1)

      [100] [20]

                         Ina

3 Lege mit möglichst wenigen Scheinen und Münzen. Wie gehst du vor? Erkläre.

 a) 321 €   b) 123 €   c) 231 €   d) 199 €   e) 201 €   f) 333 €

3 a)   3 2 1 € = 2 0 0 € + 1 0 0 € +

1 Euro-Münzen und Euro-Scheine sowie Eurobeträge ermitteln.   2, 3 Wechseln von Eurobeträgen mit Rechengeld vornehmen. Verschiedene Möglichkeiten für die Darstellung von Geldbeträgen finden und beschreiben.

■ (P, K, A, D)

4 Wie könnt ihr die Geldbeträge noch legen?
Versucht es mit 1, 2, 3, 4, 5, 6, 7, 8, 9 und 10 Scheinen.

Wir können einen 200-Euro-Schein in zwei 100-Euro-Scheine wechseln.

a)

b)

Jetzt brauchen wir einen Schein mehr.

c)

400 €

1 Schein	geht nicht
2 Scheine	200 € + 200 €
3 Scheine	200 € + 100 € +
4 Scheine	

Metin   Anton

5 a) Legt mit fünf Scheinen.
150 €, 250 €, 350 €, 450 €

b) Legt mit drei Scheinen.
70 €, 90 €, 110 €, 130 €

c) Legt mit vier Scheinen.
75 €, 95 €, 115 €, 135 €

5 a)

6 Im Geldbeutel sind vier verschiedene Geld-
scheine. Es ist kein 200-Euro-Schein dabei.
a) Wie viel Euro sind es mindestens?

b) Wie viel Euro sind es höchstens?

c) Welcher Betrag kann es noch sein?

7 Max hat im Geldbeutel 60 Euro in
Scheinen.
a) Wie viele Scheine sind es mindestens?

b) Wie viele Scheine sind es höchstens?

c) Welche Scheine können es sein?

8 a) Ben hat 235 € auf seinem Sparkonto. Seine
Schwester hat **doppelt so viel** Geld wie Ben. ?

c) Julia hat 56 € mehr als Meret. Sie hat
doppelt so viel Geld wie Meret. ?

e) Marie hat 436 € auf ihrem Sparkonto.
Ihr Bruder Till hat **halb so viel** Geld wie Marie. ?

g) Lisa hat 60 € weniger als Kim. Sie hat
halb so viel Geld wie Kim. ?

b) Max hat 164 €. Er hat **doppelt so viel**
Geld wie Paula. ?

d) Mila und Eva haben zusammen 336 €.
Mila hat **doppelt so viel** Geld wie Eva. ?

f) Max hat 256 €. Er hat **halb so viel**
Geld wie Paula. ?

h) Erfindet weitere Rechengeschichten
zum Verdoppeln und Halbieren.

4, 5 Wechseln von Eurobeträgen mit Rechengeld vornehmen. Vorgehensweise der Kinder im Klassengespräch (Mathe-konferenz) besprechen. **6, 7** Aufgaben mit Rechengeld lösen. **8** Mathematische Fragen entwickeln und besprechen. Auf Formulierungen *zusammen, mehr als, doppelt so viel, halb so viel* besonders eingehen. Über den Lernstand sprechen.

■ (P, K, A, D)

43

Längen: Zentimeter und Meter

100 Zentimeter sind 1 Meter.

100 cm	= 1 m
10 cm	= 0,10 m
1 cm	= 0,01 m

Drei Schreibweisen
in Meter und Zentimeter	2 m 9 cm
in Zentimeter	209 cm
in Meter	2,09 m

1 Schreibt die Sprungweiten der Kinder auf drei verschiedene Weisen.

Name	Sprungweite	Punkte
Ina	2 m 9 cm	9
Kim	2 m 30 cm	
Anna	2 m 42 cm	
Till	2 m 85 cm	
Metin	2 m 55 cm	
Lilly	1 m 90 cm	
Noah	2 m 4 cm	

2 Beantwortet die Fragen.

a) Welche Kinder bekommen 9 Punkte?

b) Wer hat einen Punkt weniger als Noah?

c) Lilly will 24 Punkte erreichen. Sie ist zweimal gesprungen und hat 16 Punkte bekommen. Wie weit muss sie jetzt springen?

d) Ina will 10 Punkte bekommen. Wie viele Zentimeter fehlen ihr?

e) Findet weitere Fragen.

1, 2 Sprungweiten auf verschiedene Weisen schreiben. Gemäß des Zonenweitsprungs des Deutschen Sportabzeichens in Punkte umrechnen. Mit Längen in diesem Kontext arbeiten, z. B. Sprungweiten in der Klasse ermitteln und auf drei verschiedene Weisen schreiben.

■ (K, M, D) → Arbeitsheft, Seite 24

3 Tiere in der Natur: Körperlängen (K) und Sprungweiten (S)

Die Maus ist nur 8 Zentimeter groß und springt 75 Zentimeter weit.

Die Maus springt zwar nicht so weit wie das Wiesel. Sie springt aber fast das Zehnfache ihrer Körpergröße.

Die Körperlänge eines Tieres wird anders als beim Menschen gemessen: von der Nasenspitze bis zum Rumpfende (also bis zur Schwanzwurzel). Bei verschiedenen Tieren einer Art unterscheiden sich natürlich auch die Länge und die Sprungweite voneinander.

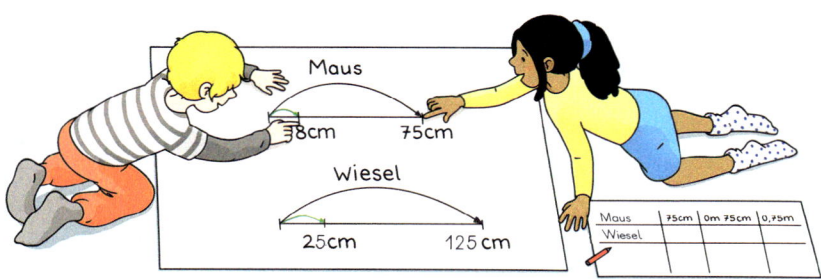

	Maus	Wiesel
	75cm 0m 75cm 0,75m	

Wiesel	Maus	Hase	Fuchs
K: 0,25 m	8 cm	0,5 m	75 cm
S: 1 m 25 cm	75 cm	2 m	2 m 75 cm

a) Zeichnet die Körperlängen und Sprungweiten der Tiere auf. Wie weit springt ihr?

b) Schreibt die Sprungweiten mit Komma. Ordnet von klein nach groß.

c) Ordnet auch die Körperlängen.

d) Vergleicht die Sprungweiten mit den Körperlängen. Findet passende Tiere für die Sätze:
   … springt etwa das Vierfache der eigenen Körperlänge.
   … springt etwa das Fünffache der eigenen Körperlänge.
   … springt etwa das Zehnfache der eigenen Körperlänge.

e) Sucht Körperlängen und Sprungweiten von Tieren. Vergleicht ebenso.

4 Meter oder Zentimeter?

a) Ein Biber ist 1 ▨ lang, er springt 50 ▨ weit.

b) Ein Wildschwein ist 180 ▨ lang.

c) Ein Hirsch springt 9 ▨ weit.

❋ 🗐 d) Schreibe weitere Rätsel. Stelle sie deinem Partner.

3 Sprungweiten auf Tapetenrolle, ggf. auf dem Schulhof darstellen, Vorstellungen von den Längenverhältnissen aufbauen.
4 Stützpunktvorstellungen beim Lösen aktivieren und vertiefen.
Weiterführung und Vertiefung: Thema Umweltverhalten.

 45

■ (P, K, A, M) → Arbeitsheft, Seite 24

Längen: Zentimeter und Millimeter

Man kann auch sagen: 1 Zentimeter und 2 Millimeter.

Die Biene ist 12 Millimeter lang.

Lilly

Metin

10 Millimeter sind 1 Zentimeter.
1000 Millimeter sind 1 Meter.

10 mm = 1 cm
1000 mm = 1 m

1 Miss die Längen der Tiere. Schreibe auf zwei verschiedene Weisen.

| Hummel | Blattlaus | Waldameise | Wespe | Stubenfliege |

| Grüner Schildkäfer | Maikäfer | Marienkäfer | Mistkäfer | Glühwürmchen |

Hummel: 1 4 m m, 1 c m 4 m m

Blattlaus:

2 Millimeter oder Zentimeter? Wie lang sind die Insekten ungefähr?

a) Der Kartoffelkäfer ist 15 ▢ lang.

b) Der Ohrenkneifer ist 2 ▢ lang.

c) Die Heuschrecke ist 38 ▢ lang.

3 Was ist ungefähr so groß? Sammelt Beispiele.

ungefähr 1 mm

ungefähr 1 cm

ungefähr 10 cm

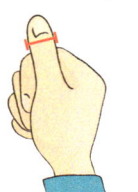
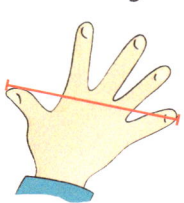

Mein Tausenderbuch

1 Tierlängen vom Hinterleib bis zum Kopf messen. Nach Körperlänge ordnen. Unterschiede bestimmen oder Tiere paarweise vergleichen (Blattlaus ist halb so lang wie die Ameise). 2 Maßangaben einsetzen. Stützpunktvorstellungen aktivieren.
3 Plakat erstellen: Was ist ungefähr 1 mm (1 cm, 10 cm) groß?

■ (K, A, D) → Arbeitsheft, Seite 25

4 a) Vergleicht die Flügelspannweite (F) und die Körperlänge (K) der Schmetterlinge. Was fällt euch auf?

Admiral	Distelfalter	Großer Kohlweißling	Kleiner Fuchs
F: 56 mm	52 mm	68 mm	45 mm
K: 28 mm	26 mm	34 mm	22 mm

b) Vergleicht eure Armspanne mit eurer Körperlänge. Was fällt euch auf?

5

Der Abendsegler ist eine Fledermaus. Er ist ungefähr 70 mm lang. Der Abendsegler hat eine Flügelspannweite von bis zu 380 mm. Die Ohren sind ungefähr 18 mm lang.

a) Zeichnet den Umriss (äußere Linie) des Abendseglers.

b) Zeichnet ebenso die Umrisse der Fledermäuse.

Fledermausart	Körperlänge	Flügelspannweite	Länge der Ohren
Zwergfledermaus	44 mm	210 mm	11 mm
Braunes Langohr	47 mm	265 mm	36 mm
Mausohr	74 mm	390 mm	28 mm

6 Wählt ein Tier. Recherchiert in Büchern oder im Internet. Sucht nach interessanten Längen. Erstellt ein Plakat. Findet Fragen und rechnet.

4 Maße am Lineal zeigen. 5 Maße am Lineal zeigen, Umrisse auf DIN-A3-Papier zeichnen. 6 Plakate bzw. Steckbriefe zu anderen Tieren erstellen. Informationen dazu in Büchern und/oder im Internet finden. Über den Lernstand sprechen. *Weiterführung und Vertiefung: Thema Umweltverhalten.*

47

(K, D) → Arbeitsheft, Seite 25

Addition und Subtraktion im Tausenderraum

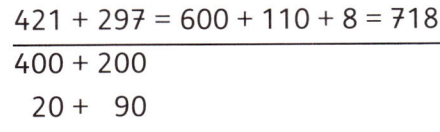

421 + 297

421 + 297 = 600 + 110 + 8 = 718
400 + 200
20 + 90
1 + 7

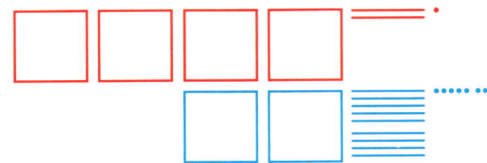

718 − 297

718 − 297 = 421
718 − 300 = 418
418 + 3 = 421

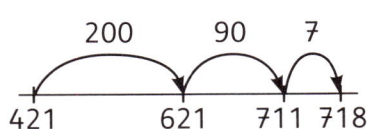

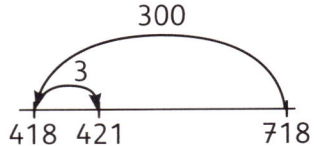

● **1** Einfach mit **Hundertern** addieren: Vergleiche die Aufgaben.

a) 100 + 32
200 + 32

1 a)   100 + 32 = 132
200 + 32 =

Es kommt nur
1 Hunderter dazu.
Das ist einfach.

Noah

b) 400 + 26   c) 300 + 41   d) 700 + 57   e) 500 + 230
400 + 126   300 + 241   600 + 157   500 + 430

f) Finde weitere Aufgabenpaare.

● **2** Einfach mit **Zehnern** addieren: Vergleiche die Aufgaben.

a) 326 + 20   b) 438 + 10   c) 278 + 20   d) 460 + 23   e) 520 + 34   f) 579 + 30
336 + 20   438 + 30   278 + 30   470 + 23   510 + 34   569 + 40

g) Finde weitere Aufgabenpaare.

● **3** Einfach mit **Einern** rechnen: Vergleiche die Aufgaben.

a) 543 + 3   b) 165 + 9   c) 298 + 4   d) 372 + 8   e) 245 + 3   f) 148 + 2
553 + 3   145 + 9   398 + 4   272 + 8   245 + 4   148 + 3

g) Finde weitere Aufgabenpaare.

● **4** Einfach mit **Hundertern** subtrahieren: Vergleiche die Aufgaben.

a) 432 − 100   b) 351 − 100   c) 420 − 200   d) 452 − 100   e) 523 − 200   f) 974 − 200
432 − 300   351 − 200   420 − 300   452 − 300   523 − 400   974 − 500

g) Finde weitere Aufgabenpaare.

1–4 Einfache Additionsaufgaben bzw. Subtraktionsaufgaben wiederholen, Beziehungen zwischen den Aufgaben nutzen.

■ (K, A)   → Arbeitsheft, Seite 26

Einfache Aufgaben

5 Einfach mit **Zehnern** subtrahieren: Vergleiche die Aufgaben.

a) 230 − 30
230 − 40

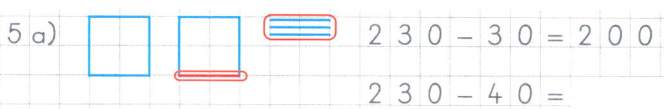

5 a) [ ] [ ]   2 3 0 − 3 0 = 2 0 0
               2 3 0 − 4 0 =

b) 420 − 20
420 − 30

c) 640 − 40   d) 560 − 60   e) 910 − 10
640 − 60   560 − 90   910 − 50

f) 530 − 30   g) 720 − 20   h) 370 − 70
530 − 90   720 − 50   370 − 90

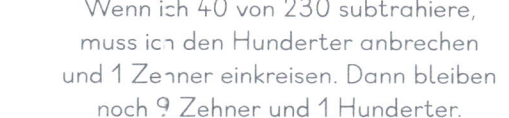

Ina

> Wenn ich 40 von 230 subtrahiere, muss ich den Hunderter anbrechen und 1 Zehner einkreisen. Dann bleiben noch 9 Zehner und 1 Hunderter.

6 Einfach mit **Zehnern** und **Hundertern** subtrahieren: Vergleiche die Aufgaben.

a) 310 − 10   b) 530 − 30   c) 760 − 60   d) 690 − 90   e) 842 − 42   f) 435 − 35
310 − 210   530 − 230   760 − 360   690 − 590   842 − 142   435 − 235

7 Einfach mit **Einern** subtrahieren: Vergleiche die Aufgaben.

a) 372 − 2   b) 165 − 4   c) 148 − 5   d) 254 − 4   e) 876 − 6   f) 403 − 3
272 − 2   145 − 4   148 − 7   254 − 6   876 − 9   403 − 5

8 a) Welche Aufgaben findest du einfach? Schreibe und rechne.

500 + 200	678 + 22	990 − 876	499 + 234	219 + 21
567 − 345	565 + 100	606 − 3	616 − 432	222 + 444
544 − 22	99 − 11	400 + 56	880 − 80	990 − 91

b) Finde weitere einfache Aufgaben.

9 ⚡ **Einfache Additionsaufgaben, Einfache Subtraktionsaufgaben**

Hunderter, Zehner oder Einer dazu oder weg: Aufgabe nennen, legen oder zeichnen und rechnen

687 + 60

747

443 − 50

393

5–7 Einfache Subtraktionsaufgaben wiederholen. Beziehungen zwischen den Aufgaben nutzen. **8** Einfache Aufgaben begründet zuordnen; Liste erweitern und immer wieder aufgreifen. In nächster Zeit öfter kontrollieren, ob bislang als schwierig geltende Aufgaben mittlerweile einfach(er) zu rechnen sind.

■ (K, A) → Arbeitsheft, Seite 26

Schwierige Additionsaufgaben

○ **1** Wie rechnet ihr 214 + 357? Findet verschiedene Rechenwege. Beschreibt.

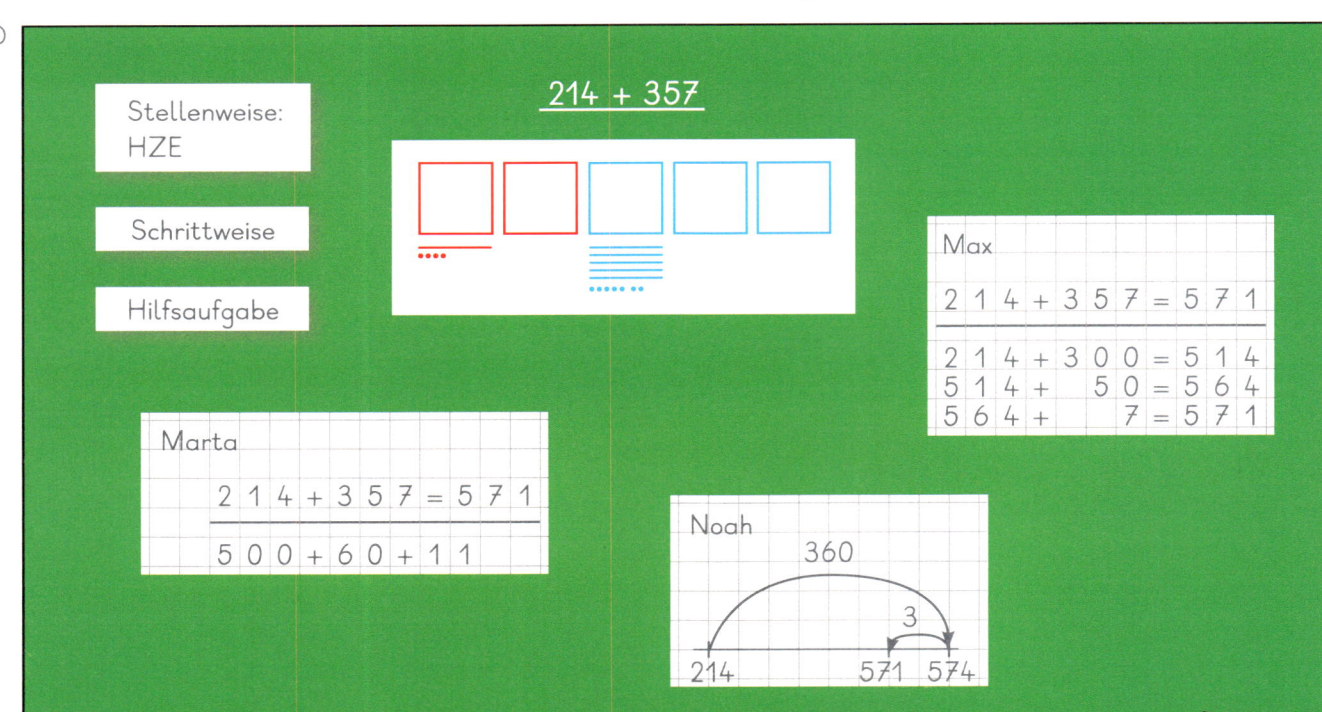

◑ **2** Drei Aufgaben, ein Ergebnis: Begründe.

a) 564 + 2	b) 461 + 7	c) 783 + 6	d) 945 + 8	e) 638 + 4
514 + 52	451 + 17	763 + 26	935 + 18	618 + 24
214 + 352	151 + 317	263 + 526	735 + 218	518 + 124

○ **3** **Schrittweise**: Rechne und schreibe den Rechenweg wie Anna oder wie Max.

a) 135 + 546 b) 423 + 141

c) 254 + 532 d) 143 + 537

e) 765 + 142 f) 275 + 352

g) 254 + 587 h) 643 + 357

i) 448 + 382 j) 692 + 167

k) 326 + 547 l) 548 + 294

m) 691 + 209 n) 475 + 283

Schrittweise: Zuerst addiere ich die Hunderter dazu, dann die Zehner und zuletzt die Einer.

Ich rechne auch schrittweise, aber am Rechenstrich.

1 Aufgabe auf eigenen Wegen rechnen, Rechenwege sammeln und besprechen (Mathekonferenz). 2 Aufgaben vergleichen und mit der Strategie *Schrittweise* die Gleichheit der Ergebnisse erklären. 3 Strategie *Schrittweise* auf den Tausenderraum übertragen.

■ (K, D) → Arbeitsheft, Seite 27

○ **4** **Hilfsaufgaben**:

Rechne und schreibe den Rechenweg
wie Mila oder wie Till.

a) 137 + 149   b) 254 + 299

c) 315 + 499   d) 213 + 698

e) 116 + 798   f) 463 + 397

g) 235 + 419   h) 516 + 129

149 ist nah an 150.
Meine Hilfsaufgabe ist 137 + 150.
Dann muss ich von 287 nur noch
1 abziehen.

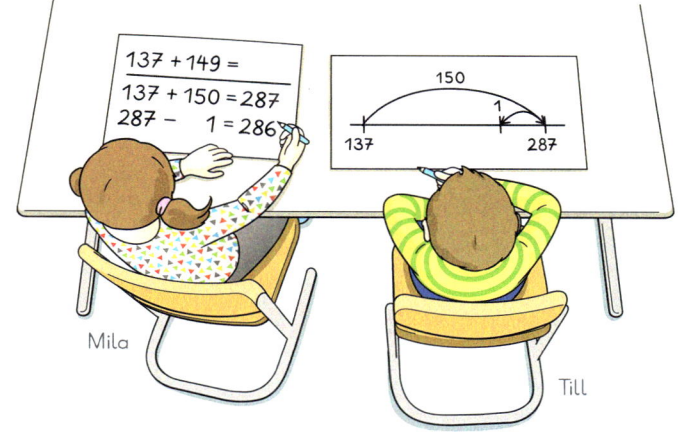

Ich rechne einfach mit dem
Rechenstrich. Erst rechne ich
etwas zu weit vor und
dann wieder zurück.

Mila

Till

○ **5** **Hilfsaufgaben**: Wie rechnest du?

a) 399 + 246   b) 298 + 534

c) 597 + 138   d) 149 + 326

e) 369 + 213   f) 439 + 538

5 a)   3 9 9 + 2 4 6 =
       ―――――――――――――
       4 0 0 + 2 4 6 = 6 4 6
       6 4 6 ―   1 = 6 4 5

 6 Zwei Aufgaben, ein Ergebnis: Begründet.

a) 456 − 1   b) 471 − 1   c) 723 − 2   d) 837 − 2   e) 824 − 3
   156 + 299   271 + 199   523 + 198   437 + 398   324 + 497

f) 617 − 1   g) 454 − 1   h) 825 − 2   i) 784 − 2   j) 734 − 3
   399 + 217   299 + 154   198 + 625   498 + 284   397 + 334

k) Findet weitere Aufgabenpaare.

 7 Zwei Aufgaben, ein Ergebnis: Begründet.

a) 173 − 1   b) 255 − 1   c) 294 − 1   d) 486 − 1   e) 387 − 1
   143 + 29   235 + 19   259 + 34   429 + 56   339 + 47

f) 374 − 2   g) 587 − 2   h) 477 − 2   i) 784 − 2   j) 593 − 2
   154 + 218   367 + 218   248 + 227   538 + 244   468 + 123

k) Findet weitere Aufgabenpaare.

❀ **8** Findet Aufgaben, die ihr gut mit Hilfsaufgaben rechnen könnt. Erklärt.

3 Strategie *Hilfsaufgabe* auf den Tausenderraum übertragen.   **6, 7** Aufgaben vergleichen und mit der Strategie
Hilfsaufgabe erklären.   **8** Strategiebewusstheit im Tausenderraum entwickeln.

51

■ (P, K, D)   → Arbeitsheft, Seite 27

Schwierige Additionsaufgaben

1 **Stellenweise HZE**: Rechne und schreibe den Rechenweg wie Sophie.

a) 135 + 546

b) 482 + 313

c) 521 + 412

d) 381 + 206

e) 265 + 317

f) 613 + 108

g) 726 + 147

h) 805 + 184

i) 186 + 342

j) 573 + 286

k) 483 + 158

l) 354 + 273

Ich notiere erst die Zwischenergebnisse.
100 + 500 = **600**,
30 + 40 = **70** und
5 + 6 = **11**.

135 + 546 =
600 + 70 + 11

Sophie

2 Rechne **stellenweise**. Was fällt dir auf? Beschreibe.

a) 613 + 387

b) 435 + 565

c) 841 + 159

d) 286 + 714

e) Finde ebenso Aufgaben.

3 Verdopple **stellenweise**.

a) 126 + 126

b) 214 + 214

c) 325 + 325

d) 433 + 433

e) 205 + 205

f) 107 + 107

g) 372 + 372

h) 258 + 258

126 sind 1 Hunderter, 2 Zehner und 6 Einer.

Das Doppelte von 126

126 + 126 =
200 + 40 + 12

Anna

Lena

4 ⚡ **Verdoppeln im Tausender**

230

Das Doppelte ist 460.

Zehnerzahl bis 500 nennen, legen oder zeichnen und verdoppeln

230 + 230

200 + 200 und 30 + 30

2 mal 230

1, 2 Strategie *Stellenweise* auf den Tausenderraum übertragen und vertiefen.   **3** Strategie *Stellenweise* für das Verdoppeln nutzen.

▨ (K, D) → Arbeitsheft, Seite 28

5 Rechnet geschickt.

a) Wie rechnet ihr? Beschreibt und erklärt eure Rechenwege.

345 + 234

5 a)	3 4 5 + 2 3 4 = 5 7 9
S	3 4 5 + 2 0 0 = 5 4 5
	5 4 5 + 3 0 = 5 7 5
	5 7 5 + 4 = 5 7 9

634 + 186   279 + 119   563 + 377

427 + 323   119 + 79   756 + 176

645 + 134   304 + 405   378 + 249

b) Vergleicht und ordnet die Aufgaben nach den Rechenwegen.

Stellenweise: HZE   Schrittweise   Hilfsaufgabe

So kannst du deinen Rechenweg **beschreiben** und **erklären**:

mit **Zahlen**

$153 + 219 = 372$
$\overline{300 + 60 + 12}$

mit **Zahlbildern** oder
am **Rechenstrich**

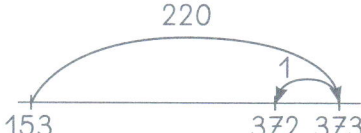
220
1
153   372 373

mit **Wörtern** oder
mit **Abkürzungen**

HZE, S, H

6 Schöne Päckchen: Setzt das Muster fort. Beschreibt und erklärt.

a) 368 + 392   b) 338 + 322
   370 + 390   340 + 320
   372 + 388   342 + 318

c) 499 + 411   d) 147 + 733
   500 + 410   150 + 730
   501 + 409   153 + 727

6 a)				
3 6 8	+	3 9 2	=	7 6 0
3 7 0	+	3 9 0	=	7 6 0
3 7 2	+	3 8 8	=	7 6 0
3 7 4	+	3 8 6	=	7 6 0

+ 2   − 2

Wenn die 1. Zahl
um 2 größer wird
und die 2. Zahl
um 2 kleiner
wird, dann bleibt
die Summe ...

Ich überlege an einem
Beispiel: 100 + 125 = 225.

7 Die Kinder haben eine Plusaufgabe gerechnet.

Die Summe ist 225.

a) Till erhöht die 1. Zahl um 80
   und die 2. Zahl um 20.
   Was passiert mit der Summe?

7 a)				
1 0 0	+	1 2 5	=	2 2 5
1 8 0	+	1 4 5	=	

+ 80   + 20

Noah

b) Marta erhöht die 1. Zahl um 40 und die 2. Zahl um 15. Was passiert mit der Summe?

c) Max verdoppelt beide Zahlen. Was passiert mit der Summe?

d) Sophie erhöht die erste Zahl um 12 und die zweite Zahl um 10. Was passiert mit der Summe?

e) Leo erhöht die erste Zahl um 28. Die Summe soll sich um 100 vergrößern.
   Wie muss Leo die zweite Zahl verändern?

5 Aufgaben auf eigenen Wegen rechnen und vergleichen, dabei an vorhandene Rechenstrategien anknüpfen.   6 Regelmäßigkeiten auch mit Forschermitteln begründen.   7 Strukturen in Rätselform erkennen und nutzen.

53

■ (P, K, D)   → Arbeitsheft, Seite 28

Schwierige Subtraktionsaufgaben

1 Wie rechnet ihr 452 – 197? Findet verschiedene Rechenwege.

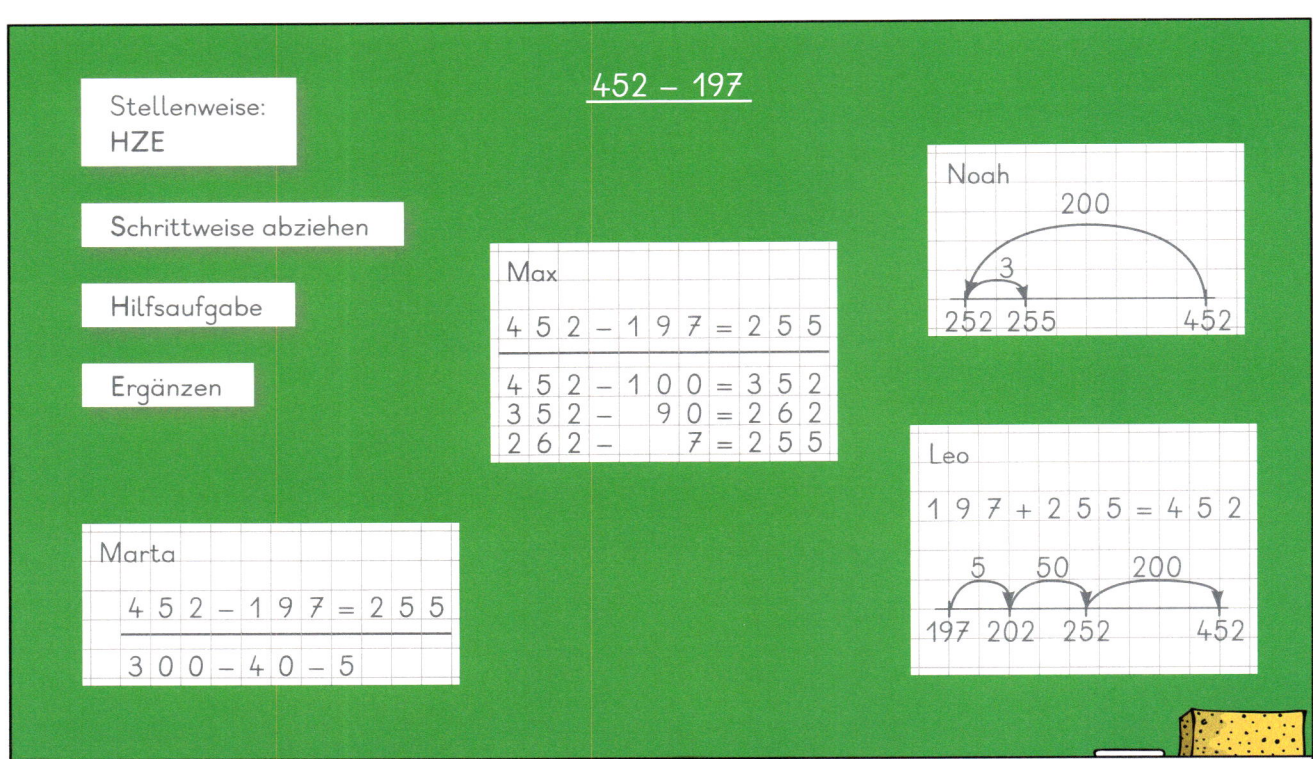

2 Drei Aufgaben, ein Ergebnis: Begründe.

a) 217 – 3	b) 328 – 2	c) 415 – 2	d) 172 – 4	e) 543 – 6
257 – 43	378 – 52	495 – 82	192 – 24	573 – 36
357 – 143	678 – 352	895 – 482	792 – 624	973 – 436

3 **Schrittweise**: Rechne und schreibe den Rechenweg wie Anna oder wie Max.

a) 723 – 154   b) 531 – 253

c) 578 – 135   d) 739 – 451

e) 552 – 314   f) 489 – 264

g) 827 – 258   h) 713 – 625

i) 635 – 328   j) 453 – 147

k) 836 – 416   l) 583 – 239

m) 978 – 386   n) 637 – 495

Ich rechne schrittweise: zuerst die Hunderter weg, dann die Zehner und zuletzt die Einer.

Ich rechne auch schrittweise, aber am Rechenstrich.

54

1 Aufgabe auf eigenen Wegen rechnen, Rechenwege sammeln und besprechen (Mathekonferenz). **2** Aufgaben vergleichen und mit der Strategien *Schrittweise* die Gleichheit der Ergebnisse erklären. **3** Strategie *Schrittweise* auf den Tausenderraum übertragen.

■ (K, D) → Arbeitsheft, Seite 29

4 Zwei Aufgaben, ein Ergebnis: Begründe.

a) 237 +   1
437 − 199

b) 153 +   1
453 − 299

c) 314 +   1
714 − 399

d) 412 +   1
512 − 99

e) 324 +   1
824 − 499

f) 373 +   2
473 − 98

g) 425 +   2
725 − 298

h) 343 +   2
543 − 198

i) 125 +   3
625 − 497

j) 231 +   3
931 − 697

k) Finde weitere Aufgabenpaare.

5 Zwei Aufgaben, ein Ergebnis: Begründe.

a) 532 +   1
572 − 39

b) 722 +   1
742 − 19

c) 514 +   1
574 − 59

d) 413 +   2
463 − 48

e) 624 +   2
684 − 58

f) 323 +   1
473 − 149

g) 122 +   1
652 − 529

h) 117 +   1
357 − 239

i) 650 +   2
890 − 238

j) 540 +   3
870 − 327

k) Finde weitere Aufgabenpaare.

6 **Hilfsaufgaben:**

Rechne und schreibe den Rechenweg
wie Mila oder wie Till.

a) 463 − 148

b) 351 − 99

c) 724 − 199

d) 563 − 139

e) 613 − 298

f) 841 − 328

g) 915 − 598

h) 852 − 139

i) 732 − 195

j) 574 − 398

k) 845 − 259

l) 683 − 397

m) 736 − 599

n) 632 − 458

148 ist nah an 150.
Meine Hilfsaufgabe ist
463 − 150. Dann muss
ich zur 313 nur noch
2 dazu addieren.

Ich rechne einfach
mit dem Rechenstrich.
Erst rechne ich etwas
zu weit zurück und
dann wieder vor.

7 Rechnet mit **Hilfsaufgaben**.

a) Wählt Aufgaben aus, die ihr gut mit einer Hilfsaufgabe rechnen könnt.

| 463 − 157 | 467 − 395 | 763 − 499 | 967 − 376 | 645 − 246 | 288 − 189 |

| 714 − 97 | 627 − 298 | 635 − 325 | 827 − 119 | 512 − 397 | 835 − 154 |

b) Findet weitere Aufgaben, die ihr mit Hilfsaufgaben rechnet. Erklärt.

4, 5 Aufgaben vergleichen und mit der Strategie *Hilfsaufgabe* erklären. 6 Strategie *Hilfsaufgabe* auf den Tausenderraum
übertragen. 7 Strategiebewusstheit im Tausenderraum entwickeln.

55

■ (P, K, D) → Arbeitsheft, Seite 29

Schwierige Subtraktionsaufgaben

1 **Stellenweise: HZE**

Rechne und schreibe den Rechenweg wie Sophie.

a) 786 − 254

b) 547 − 136

c) 425 − 213

d) 839 − 718

e) 695 − 314

f) 942 − 712

g) 875 − 531

h) 496 − 253

i) 739 − 325

j) 584 − 213

k) 785 − 462

l) 537 − 317

Ich rechne mit den Zwischenergebnissen.
700 − 200 = **500**,
80 − 50 = **30** und
6 − 4 = **2**

786 − 254 =
500 + 30 + 2

Sophie

2 **Stellenweise: HZE**

Rechne und schreibe den Rechenweg wie Marta.

a) 731 − 125

b) 523 − 215

c) 652 − 327

d) 893 − 548

e) 736 − 251

f) 819 − 153

g) 627 − 375

h) 547 − 183

i) 713 − 254

j) 542 − 173

k) 435 − 258

l) 614 − 326

Ich rechne mit den Zwischenergebnissen.
700 − 100 = **600**,
30 − 20 = **10** und
1 − 5 = **−4**, ich muss
also noch 4 abziehen.

731 − 125 =
600 + 10 − 4

Marta

3 Halbiere **stellenweise**.

a) 438
   ___
   400
   30
   8

3 a)	438	=	219	+	219
	400	=	200	+	200
	30	=	15	+	15
	8	=	4	+	4

b) 248
   200
   40
   8

c) 556
   500
   50
   6

d) 766
   700
   60
   6

e) Wähle eigene Zahlen.

4 ⚡ **Halbieren im Tausender**

870

Die Hälfte ist 435.

Zehnerzahl bis 1000 nennen, legen oder zeichnen und halbieren

800 : 2 = 400 und 70 : 2 = 35

800 = 400 + 400 und 70 = 35 + 35

400 + 400 und 35 + 35

1, 2 Strategie *Stellenweise Rechnen* auf den Tausenderraum übertragen und vertiefen. **3** Strategie *Stellenweise* für das Halbieren nutzen.

■ (K, D) → Arbeitsheft, Seite 30

5 Rechnet geschickt.

a) Wie rechnet ihr? Beschreibt und erklärt eure Rechenwege.

| 548 – 298 | 587 – 258 | 542 – 134 | 763 – 478 |
| 367 – 232 | 773 – 316 | 737 – 154 | 417 – 224 |

Ich rechne mit einer Hilfsaufgabe und ziehe erst 300 ab.

Ben

b) Vergleicht und ordnet die Aufgaben nach den Rechenwegen.

Stellenweise: HZE   Ergänzen

Schrittweise abziehen   Hilfsaufgabe

6 Zahlenrätsel: Wie heißt die Startzahl?

a) Ich rechne schrittweise.
Erst 300 zurück, dann 20 zurück und dann 4 zurück. Ich erhalte 235.

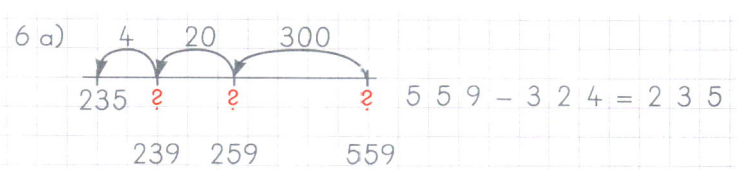

6 a)

235 ? 4 ? 20 ? 300

239 259 559

559 – 324 = 235

b) Ich rechne schrittweise.
Erst 7 zurück, dann 40 zurück und dann 200 zurück. Ich erhalte 519.

c) Ich rechne mit einer Hilfsaufgabe. Erst 300 zurück, dann 2 vor. Ich erhalte 439.

d) Ich rechne mit einer Hilfsaufgabe. Erst 260 zurück, dann 3 vor. Ich erhalte 213.

e) Findet Zahlenrätsel.

7 Die Kinder haben eine Minusaufgabe gerechnet. Die Differenz ist 115.

a) Murat erhöht die erste Zahl um 60 und die zweite Zahl um 30. Wie ändert sich die Differenz?

7 a)

1. Zahl   2. Zahl

[   ] – [   ] = [1 1 5]
↓+60   ↓+30
[   ] – [   ] = [   ]

Was passiert mit der Differenz, wenn ich die erste Zahl erhöhe und davon mehr subtrahiere?

Murat

b) Marta erhöht die erste Zahl um 40 und die zweite Zahl auch um 40.
Was passiert mit der Differenz?

c) Sophie verkleinert die erste und die zweite Zahl um 20. Was passiert mit der Differenz?

d) Eric verkleinert die erste Zahl um 20 und erhöht die zweite Zahl um 15.
Was passiert mit der Differenz?

e) Max verdoppelt beide Zahlen. Was passiert mit der Differenz?

5 Aufgaben auf eigenen Wegen rechnen und vergleichen, dabei an vorhandene Rechenstrategien anknüpfen. 6, 7 Strukturen in Rätselform erkennen und nutzen.

57

(P, K, D) → Arbeitsheft, Seite 30

Ergänzen

Ich ergänze erst zum nächsten Zehner, dann zum nächsten Hunderter.

Ich ergänze erst zum passenden Einer, dann zum passenden Zehner.

$658 + \boxed{} = 874$

$$658 + 216 = 874$$
$$658 + 2 = 660$$
$$660 + 40 = 700$$
$$700 + 174 = 874$$

$$658 + 216 = 874$$
$$658 + 6 = 664$$
$$664 + 10 = 674$$
$$674 + 200 = 874$$

Ben   Till

1 Ergänze schrittweise. Rechne und schreibe wie Ben oder wie Till.

a) $658 + \boxed{} = 874$
b) $346 + \boxed{} = 573$
c) $417 + \boxed{} = 451$
d) $224 + \boxed{} = 363$

e) $745 + \boxed{} = 981$
f) $529 + \boxed{} = 551$
g) $847 + \boxed{} = 981$
h) $132 + \boxed{} = 371$

2 Geschicktes Ergänzen: Findet Aufgaben zu den Rechenwegen.

Ich ergänze erst 3 zum nächsten Zehner und dann noch 174.

Eric

Metin

Ich ergänze erst 25 zum nächsten Hunderter und dann noch 17.

Ich ergänze erst 140, dann noch 2.

Mila

Erst ergänze ich 7 zum nächsten Hunderter, dann noch 151.

Ich zeichne am Rechenstrich. Erst rechne ich plus 5, dann plus 20, dann plus 100.

Noah

Eva

3 ⚡ Ergänzen bis 1000

Zahl legen, nennen und bis 1000 ergänzen

18 bis 300 und 700 bis 1000

282 + 718

1 Einfache Ergänzungsaufgaben lösen, an den Zusammenhang von Additions- und Subtraktionsaufgaben erinnern.
2 Lösungswege besprechen und an die vorhandenen Strategien aus dem Hunderterraum anknüpfen.

■ (K, A, D) → Arbeitsheft, Seite 31

○ **4** Ergänze im Kopf.

a) 379 + ☐ = 380   b) 260 + ☐ = 300   c) 498 + ☐ = 505   d) 675 + ☐ = 705

379 + ☐ = 400   260 + ☐ = 305   498 + ☐ = 515   678 + ☐ = 705

● **5** Berechne die fehlenden Steine der Zahlenmauer.

a)
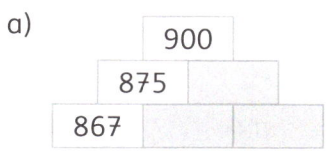

5 a)
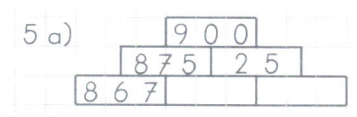

b)
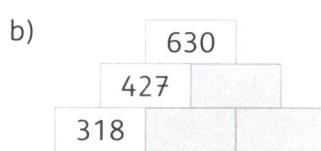

c)
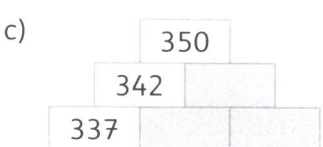

d)
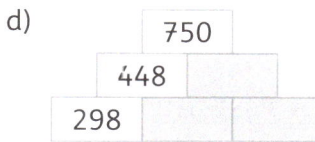

● **6** Schöne Päckchen: Beschreibe und erkläre.

Setze fort.

a) 599 + ☐ = 600   b) 431 + ☐ = 550

588 + ☐ = 600   443 + ☐ = 550

577 + ☐ = 600   455 + ☐ = 550

566 + ☐ = 600   467 + ☐ = 550

555 + ☐ = 600   479 + ☐ = 550

Leo

Die erste Zahl wird immer um 11 kleiner, also ergänze ich ...

● **7** Wie rechnet ihr die Aufgabe 876 − 358? Beschreibt.

Findet verschiedene Rechenwege.

● **8** Wie rechnet ihr? Beschreibt und erklärt eure Rechenwege.

a) 702 − 689   b) 735 − 496   c) 805 − 779   d) 703 − 595

476 − 467   601 − 317   649 − 312   691 − 356

4–8 Das Ergänzen als sinnvolle Strategie (u. a. bei Zahlen mit kleinem Unterschied) vertiefen.

59

(K, D) → Arbeitsheft, Seite 31

Ich kann Additions- und Subtraktionsaufgaben erkennen und rechnen.
Ich kann Rechenwege für Additions- und Subtraktionsaufgaben finden und notieren:
Stellenweise: HZE   Schrittweise   Hilfsaufgabe   Ergänzen

1 Beginne immer mit einer einfachen Aufgabe. Kreuze sie an und vergleiche.

a) 126 + 99	b) 468 + 201	c) 964 − 298	d) 541 − 237	e) 810 − 210
126 + 100	468 + 199	964 − 303	540 − 240	810 − 219
126 + 110	468 + 200	964 − 300	539 − 243	810 − 229

2 a) Verdopple. Zeichne und rechne.

350	433	368	178	346

b) Halbiere. Zeichne und rechne.

344	574	412	688	842

3 Wie rechnest du? Beschreibe und erkläre deinen Rechenweg.

a) 603 + 286	b) 673 + 201	c) 567 + 345	d) 422 + 219
402 + 274	531 + 107	468 + 123	402 + 347

4 Wie rechnest du? Beschreibe und erkläre deinen Rechenweg.

a) 764 − 301	b) 630 − 451	c) 762 − 301	d) 465 − 345
549 − 361	598 − 432	650 − 442	525 − 289

5 Rechne mit einer Hilfsaufgabe.

a) 127 + 195	b) 246 + 389	c) 967 − 397	d) 782 − 583
199 + 478	198 + 332	436 − 295	674 − 376

6 Ergänze und zeichne am Rechenstrich.

a) 465 − 433	b) 796 − 699	c) 734 − 689	d) 516 − 422
568 − 523	688 − 589	605 − 567	704 − 599

7 ⚡ **Übt immer wieder.**

Einfache Additionsaufgaben (Seite 49)   Einfache Subtraktionsaufgaben (Seite 49)
Verdoppeln im Tausender (Seite 52)   Halbieren im Tausender (Seite 56)
Ergänzen bis 1000 (Seite 58)

Wesentliche Aspekte des Kapitels noch einmal reflektieren. Über den Lernstand sprechen.

■ (D)   → Arbeitsheft, Seite 32

Forschen und Finden: Zahlenpaare am Tausenderbuch

Ich addiere zwei untereinander stehende Zahlen.
232 + 242

Anton

201	202	203	204	205	206	207	208	209	210
211	212	213	214	215	216	217	218	219	220
221	222	223	224	225	226	227	228	229	230
231	232	233	234	235	236	237	238	239	240
241	242	243	244	245	246	247	248	249	250
251	252	253	254	255	256	257	258	259	260
261	262	263	264	265	266	267	268	269	270
271	272	273	274	275	276	277	278	279	280
281	282	283	284	285	286	287	288	289	290
291	292	293	294	295	296	297	298	299	300

Ich addiere zwei nebeneinander stehende Zahlen.
278 + 279

Paula

1 Addiert immer zwei untereinander stehende Zahlen. Vergleicht die Summen.

a)
| 232 | 233 | 234 |
| 242 | 243 | 244 |

b)
| 203 | 213 | 223 |
| 213 | 223 | 233 |

c)
| 205 | 216 | 227 |
| 215 | 226 | 237 |

d) Kann man die Summen immer halbieren? Erklärt.

2 Addiert immer zwei nebeneinander stehende Zahlen. Vergleicht die Summen.

a)
| 202 | 203 | | 203 | 204 | | 204 | 205 |

b)
| 231 | 232 | | 241 | 242 | | 251 | 252 |

c) Kann man die Summen nie halbieren? Erklärt.

3 a) Findet zwei nebeneinander stehende Zahlen mit der Summe 527 (531, 535, 539).

b) Findet zwei untereinander stehende Zahlen mit der Summe 510 (506, 502, 498).

c) Findet Zahlenpaare mit der Summe zwischen 420 und 470. Wie geht ihr vor? Erklärt.

4 Addiert immer zwei Zahlen über Kreuz. Was fällt euch auf? Begründet.

a)
| 232 | 233 |
| 242 | 243 |

4 a) 232 + 243 = 475
      242 + 233 =

b)
| 234 | 235 |
| 244 | 245 |

c)
| 289 | 290 |
| 299 | 300 |

d) Wählt weitere Quadrate und addiert über Kreuz.

Begriffe „untereinander stehend" und „nebeneinander stehend" klären.   **1–3** Beziehungen zu benachbarten Zahlenpaaren entdecken und erklären.   **4** Beziehungen und operative Veränderungen in Zahlenquadraten entdecken und begründen.

61

(P, K, A)   → Arbeitsheft, Seite 33

Formen aus Quadraten

Ich lege immer Seite an Seite.

Ich habe eine Form aus drei Quadraten gelegt. Das ist ein **Drilling**.

Metin

Ich habe den gleichen Drilling wie Paula.

Ben

Paula

Ein Quadrat ist ein Rechteck mit vier gleich langen Seiten.

✳ 1 Formen aus Quadraten: Wie viele Zwillinge, Drillinge und Vierlinge findet ihr?
Ordnet und zeichnet auf.

1)

Zwilling	Drilling	Vierling

● 2 Rechtecke aus Formen:
Legt und zeichnet mit den Formen Rechtecke.
Benutzt möglichst viele Drillinge und Vierlinge.

a) 3 · 5 Rechtecke

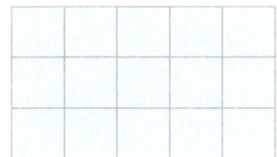

b) 4 · 4 Rechtecke

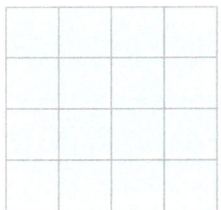

c) 4 · 5 Rechtecke

d) Legt eigene Rechtecke.

Das ist ein 3 · 5 Rechteck.

Ich habe nur Drillinge und Vierlinge benutzt.

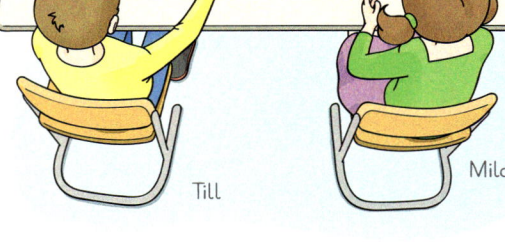

Till

Mila

1 Thematisieren, dass es nur einen Zwilling und zwei Drillinge, aber sicher mehr Vierlinge gibt. Strategien zum Finden gemeinsam reflektieren.   2 Rechtecke auslegen und zeichnen. Verschiedene Lösungen sammeln.

■ (K, D) → Arbeitsheft, Seite 34

3 Aus Vierlingen macht Fünflinge: Wo könnt ihr Quadrate anlegen? Zeichnet.

3)

Hier können wir das Quadrat auch anlegen.

Wir müssen aufpassen, dass keine Fünflinge doppelt vorkommen.

Ich lege das Quadrat rechts an den Vierling.

Murat   Kim   Eva

4 Rechtecke aus Fünflingen: Legt und zeichnet ...

a) ... 4 · 5 Rechtecke.

b) ... 3 · 10 Rechtecke.

c) ... eigene Rechtecke.

d) Könnt ihr mit den Fünflingen ein 4 · 6 Rechteck legen? Begründet.

5 Mit welchen Fünflingen könnt ihr offene Würfel falten? Ordnet und zeichnet.

5)

offener Würfel	kein offener Würfel

Aus diesem Fünfling kann ich einen offenen Würfel falten.

Das ist ein offener Würfel.

Esra   Eric

---

3 Fünflinge finden, Strategien besprechen. **4** Rechtecke mit Fünflingen auslegen. Verschiedene Lösungen sammeln. Erklären, warum sich manche Rechtecke nicht legen lassen. **5** Schachtelfünflinge finden. Über den Lernstand sprechen.

■ (P, K, A, D) → Arbeitsheft, Seite 34

Würfelnetze

Diesen Sechsling kann ich zu einem Würfel falten.

Metin

Die Vierlinge helfen mir, Würfelnetze zu finden.

Paula

Ich zeichne ein Würfelnetz.

Ben

Würfelnetze sind Sechslinge, mit denen du einen Würfel falten kannst.

✳ 1 Aus Vierlingen macht Sechslinge.

a)

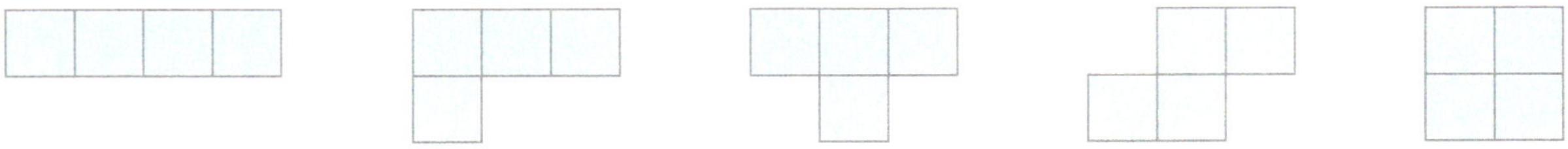

b) Welche Sechslinge sind Würfelnetze?
Findet alle Würfelnetze.

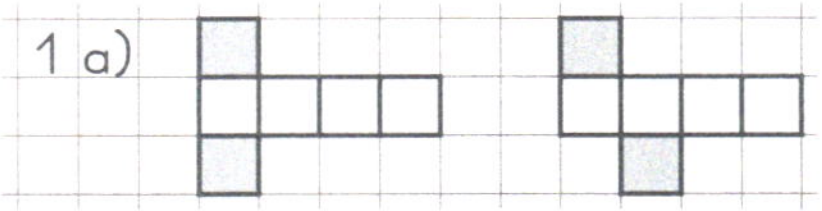

1 a)

● 2 a) Welche Sechslinge sind keine Würfelnetze? Erklärt.

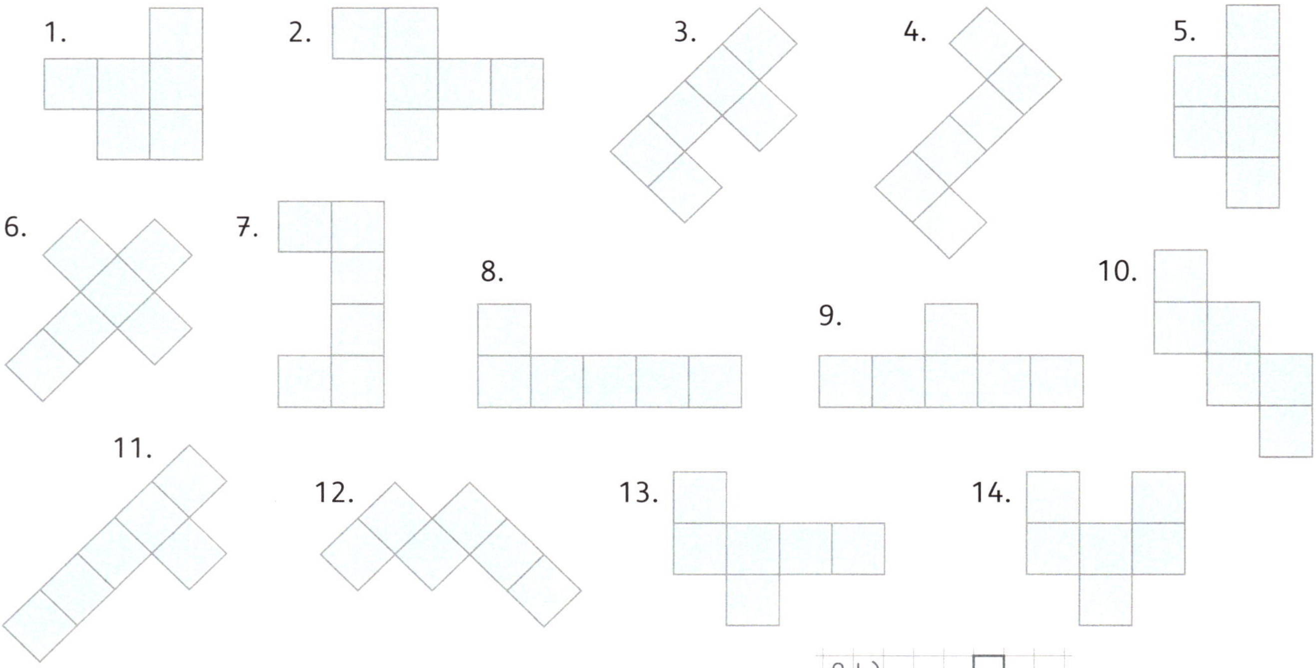

1.　2.　3.　4.　5.

6.　7.　8.　9.　10.

11.　12.　13.　14.

2 b)

b) Legt ein Quadrat so um, dass ein Würfelnetz entsteht.

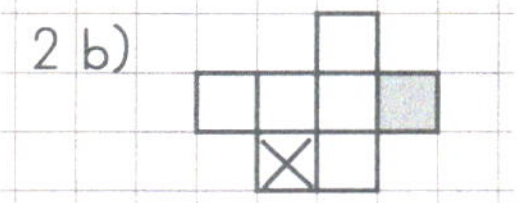

1 Ausgehend von den Vierlingen Würfelnetze finden. Gemeinsam alle sammeln. Besprechen, wie sich ein Würfelnetz zu einem Würfel zusammenfalten lässt. Alternativ aus den Fünflingen von Seite 63 Würfelnetze finden lassen. **2** Gründe sammeln, welche Sechslinge keine Würfelnetze sind. Verschiedene Möglichkeiten der Korrektur besprechen.

■ (P, K, D)　→ Arbeitsheft, Seite 35

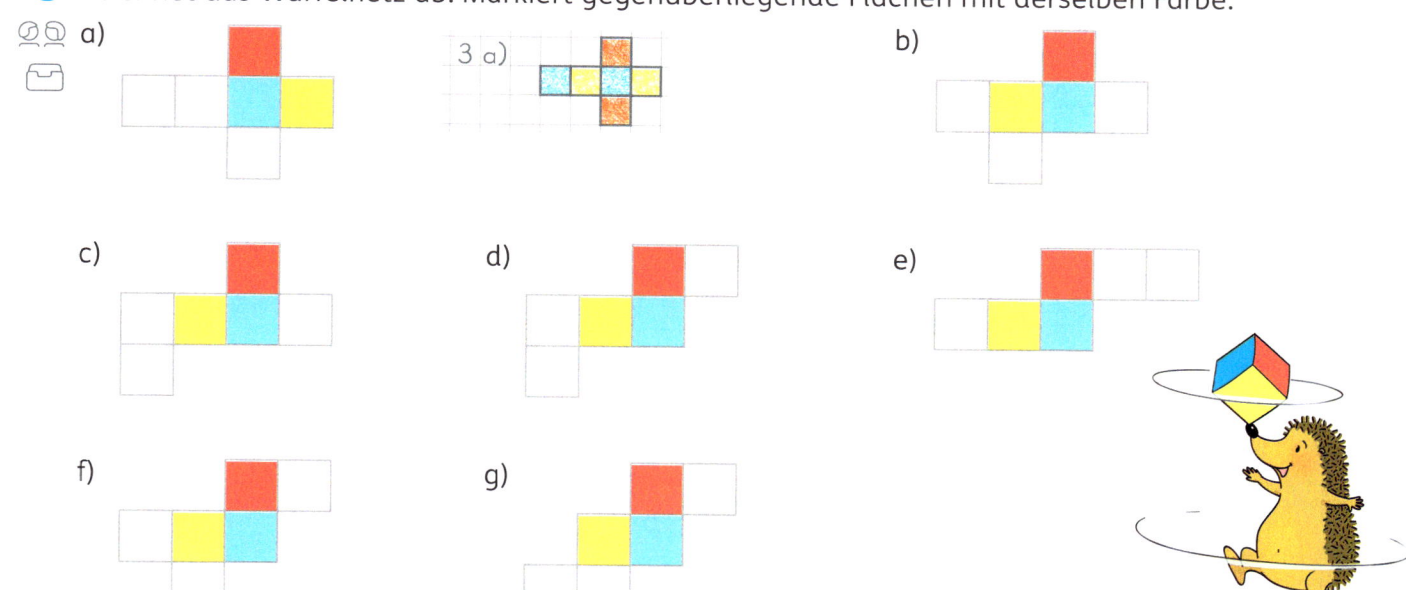

3 Zeichnet das Würfelnetz ab. Markiert gegenüberliegende Flächen mit derselben Farbe.

a)

3 a)

b)

c)

d)

e)

f)

g)

h) Zeichnet Würfelnetze. Markiert gegenüberliegende Flächen mit derselben Farbe.

Die Summe der gegenüber liegenden Augenzahlen ergibt beim Spielwürfel immer 7.

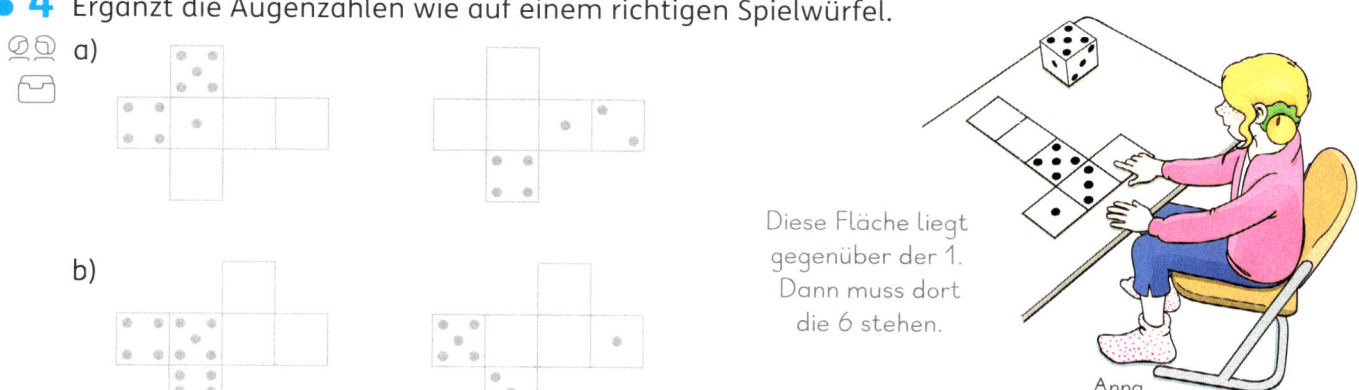

4 Ergänzt die Augenzahlen wie auf einem richtigen Spielwürfel.

a)

b)

Diese Fläche liegt gegenüber der 1. Dann muss dort die 6 stehen.

Anna

c) Findet verschiedene Möglichkeiten.

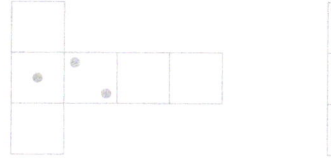
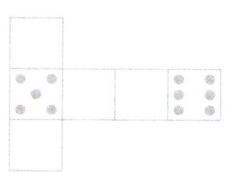

d) Findet Netze von Spielwürfeln.

3 Gegenüberliegende Würfelflächen in der gleichen Farbe markieren. Aufgabe evtl. mit Material (z. B. mit Quadraten und Klebeband) lösen lassen.   **4** Fehlende Augenzahlen ergänzen. Hierzu evtl. Material hinzuziehen. In c) und d) verschiedene Möglichkeiten finden, aus einem Würfelnetz ein Spielwürfelnetz zu machen. Über den Lernstand sprechen.

■ (P, K, D)   → Arbeitsheft, Seite 35

 65

Multiplikation und Division

Wir zerlegen 6 · 18 mit dem Malkreuz.

6 · 18

mit 10 ist einfach.

Dann addieren wir die beiden Ergebnisse, 60 + 48 = 108.

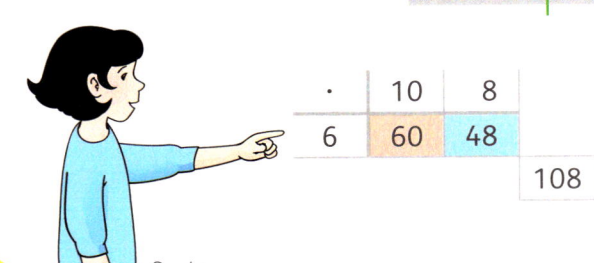

·	10	8
6	60	48
		108

6 · 18 = 60 + 48

6 · 10 = 60
6 · 8 = 48

Sophie

Till

○ **1** Rechne und vergleiche.

a) 2 · 3
2 · 4
2 · 7

b) 4 · 3
4 · 4
4 · 7

c) 3 · 4
6 · 4
9 · 4

d) 3 · 6
6 · 6
9 · 6

e) 2 · 9
4 · 9
6 · 9

f) 2 · 7
4 · 7
6 · 7

● **2** Rechnet mit dem Malkreuz.

a) 6 · 8

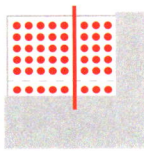

·	5	3
6		

6 mal 8: Wir rechnen erst 6 mal 5 und dann 6 mal 3.

30 + 18 = 48
48 schreiben wir in das Ergebnisfeld.

6 · 8

·	5	3
6	30	18

Anton

Anna

b) 8 · 7

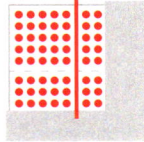

·	5	2
8		

c) 6 · 7

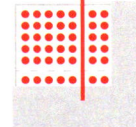

·	5	2
6		

d) 4 · 8

·	5	3
4		

1 Ableitungen der Multiplikation wiederholen und vertiefen. 2 Das Ableiten zum Zerlegen am Malkreuz ausweiten.

■ (K, D) → Arbeitsheft, Seiten 36/37

Malaufgaben zerlegen

3 Zerlege am Punktefeld und rechne mit dem Malkreuz.

a)

$9 \cdot 12$

3 a)
·	10	2
9	90	

Ich multipliziere
erst den Zehner und
dann die Einer.

Ich rechne einfach
mit dem Malkreuz.

$9 \cdot 12 = 90 + 18$

Leo

Max

b)

$3 \cdot 17$

c)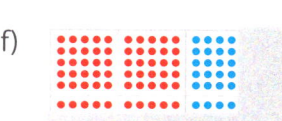

$7 \cdot 15$

d)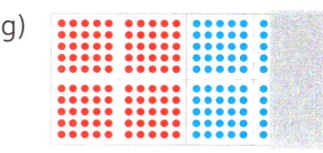

$9 \cdot 13$

e)

$5 \cdot 17$

f)

$6 \cdot 14$

g)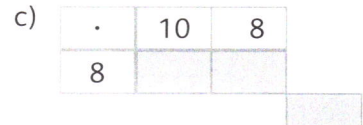

$10 \cdot 16$

4 Rechne mit dem Malkreuz.

a)
·	10	4
4		

b)
·	10	6
6		

c)
·	10	8
8		

d)
·	10	7
7		

e)
·	10	5
5		

f)
·	10	9
9		

5 Rechnet mit dem Malkreuz.
Vergleicht. Was fällt euch auf?

a) $7 \cdot 6$
   $7 \cdot 12$

b) $9 \cdot 9$
   $9 \cdot 18$

c) $6 \cdot 7$
   $6 \cdot 14$

d) $5 \cdot 8$
   $5 \cdot 16$

e) $8 \cdot 6$
   $8 \cdot 12$

f) $4 \cdot$
   $4 \cdot$

$7 \cdot 12$ ist das
Doppelte von $7 \cdot 6$.

Ich kann $7 \cdot 12$ auch
so zerlegen.

$7 \cdot 6 = 42$
$7 \cdot 12 =$

Ina

Kim

3–5 Das Rechnen am Malkreuz vertiefen.

(K, A, M, D) → Arbeitsheft, Seiten 36/37

Das Zehnereinmaleins

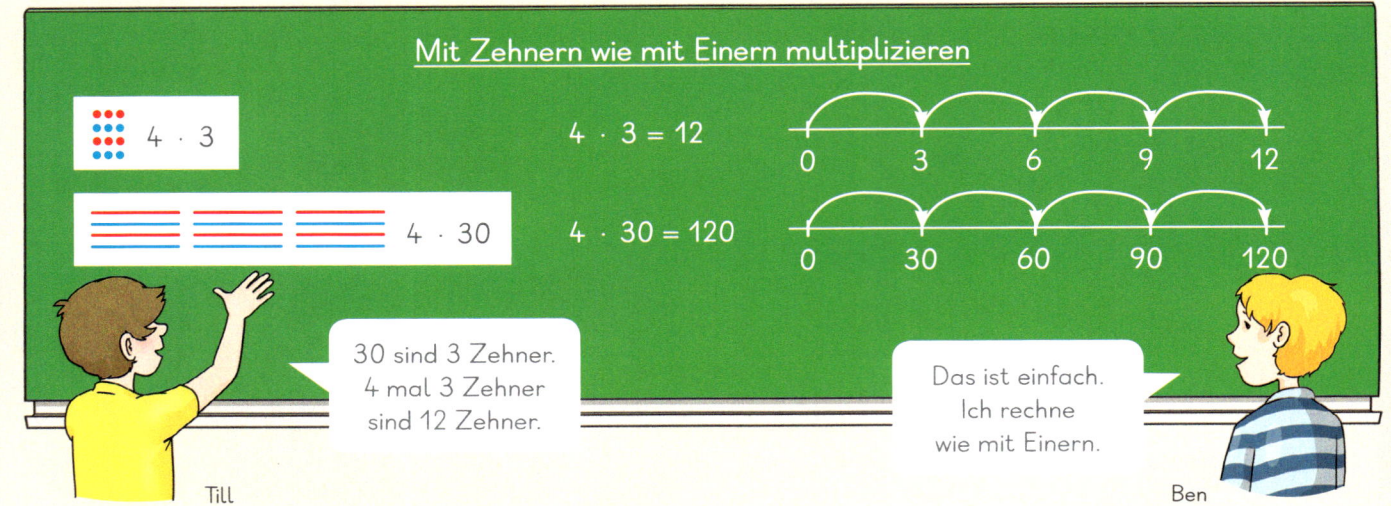

1 Multipliziere mit Einern und Zehnern.

a) 5 · 3   5 · 30

1 a)	5 ·		3 =		1 5
	5 ·	3 0 =	1 5 0		

b) 2 · 4   2 · 40

c) 3 · 3   3 · 30

d) 4 · 5   4 · 50

2 Rechne immer erst die kleine Malaufgabe.

a) 7 · 9
   7 · 90

2 a)	7 ·	9 =	6 3
	7 ·	9 0 =	6 3 0

b) 6 · 5   c) 3 · 8   d) 4 · 2   e) 9 · 9
   6 · 50   3 · 80   4 · 20   9 · 90

f) 5 · 3   g) 7 · 6   h) 8 · 7   i) 8 · 8
  50 · 3   70 · 6   80 · 7   8 · 80

3 Schöne Päckchen

a) 2 · 50   b) 2 · 70   c) 3 · 40   d) 3 · 80   e) 6 · 30   f) 6 · ▮
  4 · 50   4 · 70   6 · 40   6 · 80   8 · 30   8 · ▮
  6 · 50   6 · 70   9 · 40   9 · 80   10 · 30   10 · ▮

4 60 Minuten sind 1 Stunde.

a) Wie viele Minuten sind 2 (3, 4 ...) Stunden?

4 a)	Stunden	1	2	3	4
	Minuten	6 0			

b) Wie viele Minuten sind 1 Tag?

1–4 Mit Zehnerzahlen multiplizieren. Mit Zehnern rechnen wie mit Einern. Malaufgaben zueinander in Beziehung setzen und das Zehnereinmaleins lernen (ggf. passende Bilder zeichnen).

▮ (K, A, M, D) → Arbeitsheft, Seiten 38, 39

○ **5** Beschreibt.

Die Tafel sieht fast so aus wie die Einmaleins-Tafel.

Eric

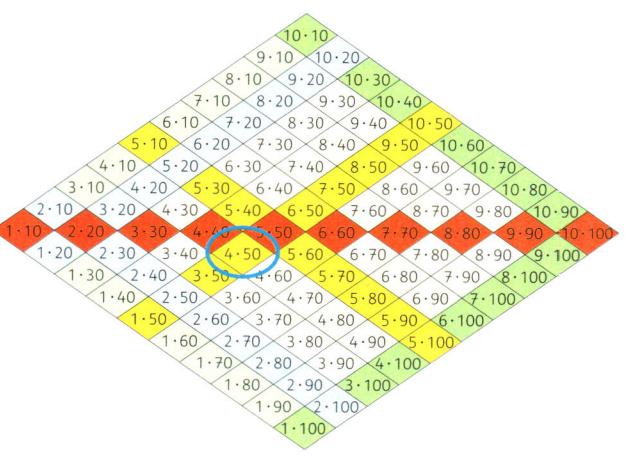

Die farbigen Aufgaben sind wie die Kernaufgaben. Bei 4 · 50 denke ich an 4 · 5.

Lena

○ **6** Rechne einfache Aufgaben. Denke immer an die Kernaufgaben aus dem Einmaleins.

$$10 \cdot 30 = 300 \qquad 2 \cdot 80 = 160$$

○ **7** Vergleiche die Aufgaben. Was fällt dir auf?

a) 4 · 90   b) 9 · 30   c) 5 · 20   d) 6 · 30   e) Finde weitere Wege
   5 · 90   9 · 40   4 · 30   5 · 40   auf der Maltafel.
   6 · 90   9 · 50   3 · 40   4 · 50

○ **8** Vergleiche die Aufgaben. Was fällt dir auf?

a) 5 · 30   b) 7 · 40   c) 8 · 60   d) 4 · 50   e) 3 · 90   f) 7 · 60
   3 · 50   4 · 70   6 · 80   40 · 5   30 · 9   6 · 70

✽ **9** Findet Malaufgaben. Das Ergebnis ist immer …

a) … 240.

9 a) 240
      6 · 40
      3 · 80

b) … 120.   c) … 320.   d) … 400.

e) … 160.   f) … 200.   g)   .

○ **10** ⚡ **Zehnereinmaleins**

4 · 60

Aufgabe zeigen und nennen,
Aufgabe und Umkehraufgaben rechnen

$$4 \cdot 6 = 24$$
$$24 : 4 = 6$$
$$24 : 6 = 4$$

$$4 \cdot 60 = 240$$
$$240 : 4 = 60$$
$$240 : 60 = 4$$

Mit Zehnern multiplizieren wie mit Einern. **5** Zehnereinmaleins-Tafel erkunden. **6–8** Zusammenhänge zwischen den Aufgaben des Zehnereinmaleins erkunden und nutzen. Beziehungen zwischen Multiplikation und Division (Umkehraufgaben) vertiefen. **9** Aufgaben zu einer Ergebniszahl finden und Verständnis der Konstanzbeziehungen vertiefen.

69

▨ (P, K) → Arbeitsheft, Seiten 38, 39

Rechenwege bei der Multiplikation

Welpen, 9 Tage

1 Wie viele Stunden sind die Tierkinder alt?

a) Wie rechnen die Kinder? Beschreibt.

$9 \cdot 24 =$
$9 \cdot 20 = 180$
$9 \cdot \; 4 = \; 36$

Max

·	20	4
9	180	36

Finn

$9 \cdot 24 =$
$10 \cdot 24 = 240$
$1 \cdot 24 = \; 24$

Kim

$9 \cdot 2 = 18$, also $9 \cdot 20 = 180$
und
$9 \cdot 4 = 36$

Sophie

b) Wie rechnet ihr?

Fohlen, 5 Tage

Katzen, 2 Tage

Igel, 4 Tage

2 Ein Jahr hat ungefähr 52 Wochen. Wie viele Wochen haben …

a) … 2 Jahre?   b) … 5 Jahre?   c) … 10 Jahre?   d) Wie viele Wochen bist du alt?

3 Wie rechnest du?

a) $2 \cdot 49$ b) $5 \cdot 35$ c) $9 \cdot 21$ d) $8 \cdot 42$ e) $6 \cdot 55$ f) ▨ · ▨

4 Rechne mit dem Malkreuz.

a)

·	40	4
4		

b)

·	60	6
6		

c)

·	80	8
8		

5 Rechne geschickt. Erkläre.

a) $10 \cdot 27$ b) $6 \cdot 50$ c) $8 \cdot 20$ d) $10 \cdot 65$ e) Finde weitere
   $9 \cdot 27$ $6 \cdot 49$ $8 \cdot 19$ $9 \cdot 65$ Aufgabenpaare.

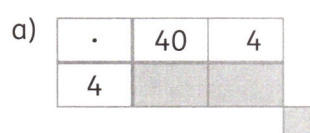

1, 2 Passende Aufgaben finden und erläutern, verschiedene Rechenwege vorstellen, besprechen und mit vorgegebenen Wegen vergleichen (z. B. Mathekonferenz). **3, 4** Rechenwege anwenden und sichern. **5** Hilfsaufgaben erkennen und nutzen.

▨ (D, K, A, M) → Arbeitsheft, Seite 40

6 Multipliziert am Tausenderfeld. Zeigt und beschreibt.

| 2 · 23 | 5 · 23 | 10 · 23 |

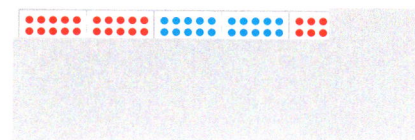 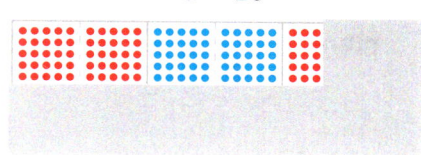 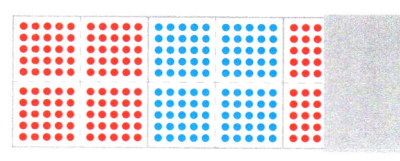

a)	2 · 23	b)	4 · 35	c)	3 · 32	d)	2 · 51	e)	6 · 25	f)	3 · 99
	5 · 23		5 · 35		5 · 32		4 · 51		7 · 25		6 · 99
	10 · 23		6 · 35		7 · 32		8 · 51		8 · 25		9 · 99

 7 Schöne Päckchen: Was fällt euch auf? Beschreibt und erklärt.

a) 6 · 13
    6 · 23
    6 · 33
    6 · 43

7 a)
$6 \cdot 13 = 60 + 18 = 78$
$6 \cdot 23 = 120 + 18 = 138$
$6 \cdot 33 = 180 + 18 =$
$6 \cdot 43 = 240 + 18 =$

Immer 60 mehr

+ 60   + 0   + 60

·	10	10	10	10	3
6	60	60	60	60	18

Ich sehe im Malkreuz. alle vier Aufgaben.

Kim

b)	3 · 25	c)	5 · 19	d)	4 · 41	e)	7 ·	f)	Findet weitere
	3 · 35		5 · 29		4 · 31		7 ·		schöne Päckchen.
	3 · 45		5 · 39		4 · 21		7 ·		
	3 · 55		5 · 49		4 · 11		7 ·		

 8 Addiert die Ergebnisse. Was fällt euch auf?

a) 4 · 31
    6 · 31

8 a)

·	30	1
4	120	4
		124

·	30	1
6	180	6
		186

124 + 186 = 310

b)	4 · 35	c)	2 · 28	d)	9 · 16	e)	6 · 47	f)	Findet weitere
	6 · 35		8 · 28		1 · 16		4 · 47		Aufgabenpaare.

 **9** Addiert die Ergebnisse. Was fällt euch auf?

a)	2 · 25	b)	5 · 51	c)	6 · 11	d)	8 · 42	e)	Findet weitere
	2 · 75		5 · 49		6 · 89		8 · 58		Aufgabenpaare.

 6 Kernaufgaben des großen Einmaleins (2 mal, 5 mal, 10 mal) erkunden und sichern (Verdoppeln, Verzehnfachen, Halbieren des Zehnfachen). **7** Zusammenhänge zwischen den Reihen mit Forschermitteln beschreiben und erklären (z. B. anhand eines Malkreuzes). **8, 9** Multiplikative Zusammenhänge vertiefen und nutzen.

(D, K, A) → Arbeitsheft, Seite 40

Dividieren mit Zehnerzahlen

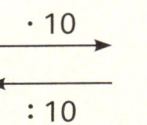 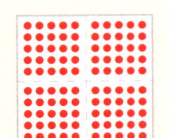 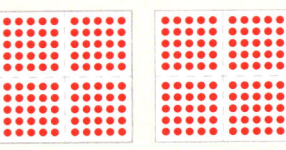 

H	Z	E
	3	4

$34 \cdot 10 = 340$
$340 : 10 = 34$

H	Z	E
3	4	0

Beim Malnehmen mit 10 werden alle Ziffern eine Stelle nach links verschoben.
Beim Teilen durch 10 werden alle Ziffern eine Stelle nach rechts verschoben.

1 Rechne Aufgabe und Umkehraufgabe.

a) $24 \cdot 10$
  $240 : 10$

b) $37 \cdot 10$
  $370 : 10$

c) $46 \cdot 10$
  $460 : 10$

d) $91 \cdot 10$
  $910 : 10$

e) $57 \cdot 10$
  $570 : 10$

f) Finde weitere Aufgabenpaare.

2 Vergleiche und rechne geschickt. Denke an das Verdoppeln und Halbieren.

a) $40 : 8$
  $40 : 4$

b) $60 : 6$
  $60 : 3$

c) $240 : 80$
  $240 : 40$

d) $300 : 10$
  $150 : 10$

e) Finde weitere Aufgabenpaare.

3 Spielt: **Die höchste Summe gewinnt.**
Würfelt abwechselnd.
Entscheidet nach jedem Wurf,
mit welcher Zehnerzahl ihr rechnet.
Notiert immer die Ergebnisse.
Wer die höchste Summe hat, gewinnt.

Mit einer 4 habe ich
sicher gewonnen.

4 mal 50
gleich 200.

1	$\cdot 10 =$	10
4	$\cdot 30 =$	120
	$\cdot 50 =$	

Summe:

3	$\cdot 10 =$	30
3	$\cdot 30 =$	90
4	$\cdot 50 =$	200

Summe: 320

Ina

Noah

4 ⚡ **Mal 10, durch 10**

28

H	Z	E
	2	8

H	Z	E
2	8	0

$28 \cdot 10 = 280$
$280 : 10 = 28$

Zahl bis 100 legen und nennen,
Aufgabe und Umkehraufgabe legen und
rechnen

Beim Malnehmen mit 10
werden alle Ziffern eine Stelle
nach links, beim Teilen
durch 10 eine Stelle nach
rechts verschoben.

Rechenregeln für mal 10, durch 10 erkunden und mit Zahlbildern begründen. **1** Umkehraufgaben rechnen. **2** Beziehungen zwischen verwandten Aufgaben erkunden und ähnliche Aufgaben finden. **3** Im Spiel Vorstellungen über die Vielfachen von Zehnerzahlen gewinnen.

■ (P, K, D) → Arbeitsheft, Seite 41

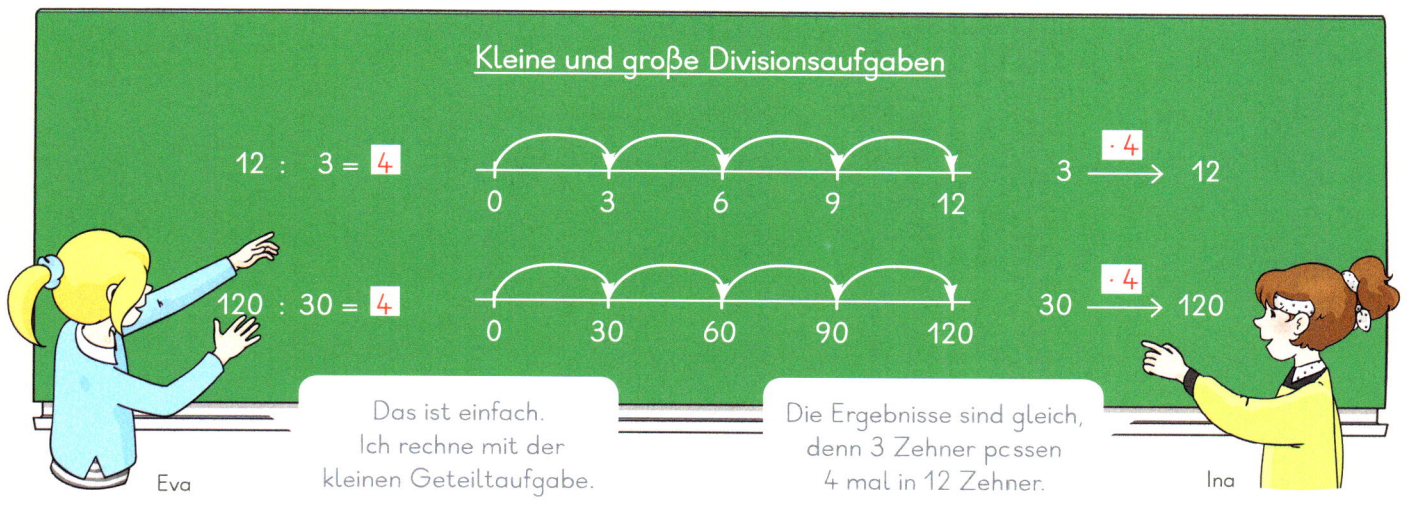

Kleine und große Divisionsaufgaben

$12 : 3 = 4$

$120 : 30 = 4$

Das ist einfach.
Ich rechne mit der
kleinen Geteiltaufgabe.
Eva

Die Ergebnisse sind gleich,
denn 3 Zehner passen
4 mal in 12 Zehner.
Ina

○ **5** Denke an die kleine Geteiltaufgabe.

a) 120 : 40   b) 180 : 60   c) 400 : 80   d) 200 : 50   e) 420 : 70   f) 240 : 60
    120 : 60   180 : 90   400 : 40   200 : 20   420 : 60   240 : 80

○ **6** Rechne und vergleiche.

9 passt dreimal
in 27.

9 passt
zehnmal so oft
in 270.

a)   27 : 9   b)   15 : 3
   270 : 9   150 : 3

c)   21 : 7   d)   35 : 7
   210 : 7   350 : 7

e)   48 : 8   f)   50 : 10
   480 : 8   500 : 10

$27 : 9 = 3$ $9 \xrightarrow{\cdot 3} 27$

$270 : 9 = 30$ $9 \xrightarrow{\cdot 3} 27 \xrightarrow{\cdot 10} 270$

$9 \xrightarrow{\cdot 30} 270$

Sophie

Anna

○ **7** Rechne und vergleiche.

a) 120 : 3   b) 140 : 7   c) 240 : 8   d) 540 : 6   e) 320 : 8   f) Finde weitere
   120 : 4   140 : 2   240 : 3   540 : 9   320 : 4   Aufgabenpaare.

○ **8** Rechengeschichten

a) 8 Kinder kaufen gemeinsam ein Geschenk für 48 €. ?

b) 6 Eintrittskarten für ein Fußballspiel kosten 180 €. ?

c) 360 Kinder einer Schule fahren ins Theater. In jeden Bus passen 60 Kinder. ?

d) Finde Rechengeschichten. ?

○ **9** 7 Tage sind 1 Woche. Wie viele Wochen
sind 70 (140, 210 …) Tage?

9)

Wochen	1	
Tage	7	70

5–9 Zehnerzahlen dividieren. Divisionsaufgaben untereinander in Beziehung setzen, Zusammenhänge zur Multiplikation
erkennen und nutzen. Zur Grundlegung und zum weiteren regelmäßigen Üben Zehnereinmaleins sichern.

73

(K, A, M, D) → Arbeitsheft, Seite 41

Ich kann Aufgaben des Zehnereinmaleins rechnen.
Ich kann große Mal- und Geteiltaufgaben zeigen, vergleichen und rechnen.

○ **1** Zerlege und rechne.

a) 6 · 14 | b) 3 · 17 | c) 5 · 18

  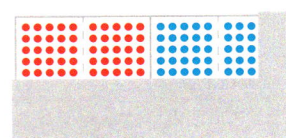

○ **2** Rechne mit Zehnern.

a)	b)	c)	d)	e)
5 · 10	30 · 10	6 · 100	4 · 10	70 · 10
50 · 10	10 · 30	60 · 10	40 · 10	7 · 100
500 : 10	300 : 3	600 : 10	40 : 10	700 : 100

○ **3** Rechne und vergleiche.

a)	b)	c)	d)	e)
4 · 6	5 · 3	7 · 2	9 · 4	6 · 8
4 · 16	5 · 13	7 · 12	9 · 14	6 · 18

○ **4** Rechne geschickt mit der kleinen Geteiltaufgabe.

a)	b)	c)	d)	e)
24 : 6	30 : 5	27 : 3	32 : 4	56 : 7
240 : 6	300 : 5	270 : 30	320 : 40	560 : 70

○ **5** Rechne und vergleiche.

a)	b)	c)	d)	e)
4 · 30	5 · 70	360 : 90	420 : 60	250 : 50
3 · 40	7 · 50	360 : 40	420 : 70	250 : 5

○ **6** Wie rechnest du?

a) 4 · 76　　b) 6 · 48　　c) 8 · 36　　d) 7 · 39　　e) 9 · 34

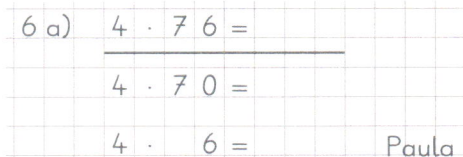 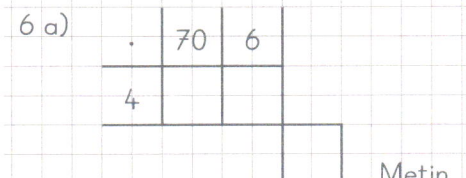

○ **7** ⚡ **Übt immer wieder.**

Zehnereinmaleins (Seite 69)　　　　　Mal 10, durch 10 (Seite 72)

 Wesentliche Aspekte des Kapitels noch einmal reflektieren. Über den Lernstand sprechen.

■ → Arbeitsheft, Seite 42

Forschen und Finden: Malkreuz

1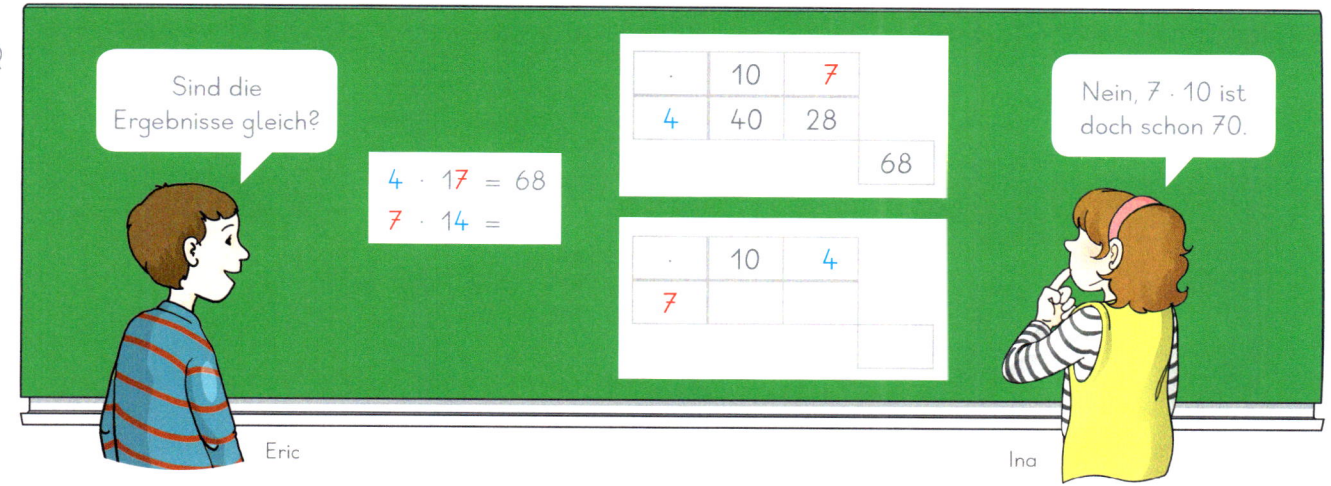

a) Rechnet die Aufgabenpaare mit dem Malkreuz. Was fällt euch auf?

| 2 · 16 | 5 · 13 | 9 · 16 | 2 · 18 | 6 · 17 |
| 6 · 12 | 3 · 15 | 6 · 19 | 8 · 12 | 7 · 16 |

b) Findet Aufgabenpaare.
Der Unterschied zwischen den
Ergebnissen ist möglichst groß (klein).

c) Berechnet die Unterschiede zwischen den
Ergebnissen. Welche Zahlen kommen vor?
Wie viele Aufgabenpaare gibt es zu jedem Unterschied?

1 a)

·	10	6
2	20	12
		32

·	10	2
6	60	12
		72

2 a) Immer 2 Zehner: Vergleicht die beiden Aufgaben. Was fällt euch auf?

| 4 · 27 | 5 · 23 | 9 · 26 | 2 · 28 | 6 · 27 |
| 7 · 24 | 3 · 25 | 6 · 29 | 8 · 22 | 7 · 26 |

b) Findet den größten und den kleinsten Unterschied zwischen den Ergebnissen.
Was fällt euch auf? Erklärt.

3 Rechnet und vergleicht die Ergebnisse. Erklärt.

a) 5 · 44   b) 3 · 66   c) 2 · 99
   4 · 55   6 · 33   9 · 22

d) 3 · 22   e) 5 · 88   f) 1 · 99
   2 · 33   8 · 55   9 · 11

g) Findet weitere Aufgabenpaare.

5 mal 40 sind 200 und 5 mal 4 dazu.

Was ist das Ergebnis von 4 · 55?

·	40	4
5	200	20

Till   Leo

1 Differenzen zwischen den Ergebnissen mit dem Malkreuz erkunden (die Differenz ist immer das Zehnfache des Unterschieds zwischen den Einern).   2 Überlegungen auf größere Zehnerzahlen übertragen.   3 Gleichheit der Ergebnisse erkunden und am Malkreuz begründen.

75

(K, A, D)   → Arbeitsheft, Seite 43

Überschlagsrechnen

1 Stimmt das? Die Summe von 363 + 228 liegt zwischen 580 und 600. Erklärt.

Wir überschlagen.
Die Summe ist
kleiner als 600, denn
370 + 230 = 600.

Die Summe ist größer
als 580, denn
360 + 220 ist schon 580.

363 + 228 ist
ungefähr 590, denn
360 + 230 = 590.

Anna

Finn

Marta

Wie haben die Kinder mit den Nachbarzehnern gerechnet?

Einen Überschlag (Ü) kannst du benutzen,
um ein Ergebnis ungefähr zu bestimmen oder zu überprüfen.
Oft rechnet man mit Nachbarzehnern oder Nachbarhundertern.

= gleich
≈ ungefähr gleich

2 Rechne mit einem Überschlag.

a) 283 + 198
347 + 256
563 + 242
685 + 223
433 + 554

```
2 a)    283 + 198 ≈ 500
    Ü:   300 + 200 = 500    Max

2 a)    283 + 198 ≈ 480
    Ü:   280 + 200 = 480    Marta
```

b) 257 + 145
572 + 135
243 + 267
376 + 248
87 + 517

3 < oder >? Vergleiche mithilfe eines Überschlags.

a) 179 + 80 250
123 + 121 250
98 + 153 250
183 + 78 250

b) 265 + 240 500
412 + 84 500
205 + 294 500
137 + 380 500

c) 431 + 329 750
499 + 265 750
396 + 355 750
367 + 376 750

d) 484 + 509 1000
399 + 617 1000
182 + 733 1000
278 + 693 1000

170 + 80 = 250,
also ist 179 + 80
größer als 250.

180 + 80 = 260,
dann ist
179 + 80 größer
als 250.

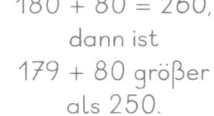

Anton

Kim

4 Überschlage die Aufgaben und finde weitere Aufgaben. Das Ergebnis liegt zwischen ...

a) ... 300 und 399.   b) ... 400 und 499.   c) ... 500 und 599.

| 157 + 262 | 197 + 325 | 288 + 229 | 147 + 246 | 236 + 245 | 311 + 199 | 167 + 184 |

1–4 Prinzip des Überschlagrechnens besprechen und die verschiedenen Möglichkeiten herausarbeiten (Mathekonferenz).
Begriffe Überschlag, Nachbarzehner und Nachbarhunderter klären. Zeichen ≈ erläutern.

■ (K, D) → Arbeitsheft, Seite 44

5 Tills Schule plant einen Ausflug ins Theater.

a) Wie viele Personen nehmen am Ausflug teil? Überschlagt.

Klasse	1a	1b	2a	2b	3a	3b	4a	4b	Lehrer
Personen	27	26	31	28	21	23	25	24	11

b) In einen Reisebus passen 50 Personen. Wie viele Busse werden benötigt? Genügt hier ein Überschlag? Begründet.

c) Der Mietpreis für einen Bus beträgt 146 €. Reichen 750 € für die Gesamtmiete? Überschlagt.

6 a) Wie viele Sitzplätze hat das Theater ungefähr? Überschlagt.

b) Drei Grundschulen und zwei Kindergärten möchten sich das Stück anschauen. Passen alle Personen ins Theater? Überschlagt.

Kirchschule	249 Personen
Schule am Park	215 Personen
Waldschule	149 Personen
Kita „Regenbogen"	47 Personen
Kita „Schatzinsel"	21 Personen

Saalplan

Bühne

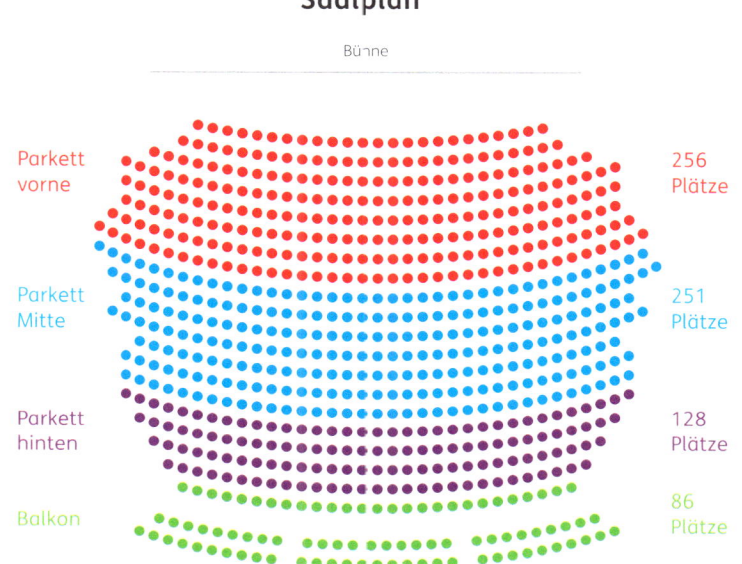

Parkett vorne — 256 Plätze

Parkett Mitte — 251 Plätze

Parkett hinten — 128 Plätze

Balkon — 86 Plätze

7 Das Theaterstück wurde von Donnerstag bis Sonntag gespielt. Diese Eintrittskarten wurden verkauft:

	Donnerstag	Freitag	Samstag	Sonntag
Parkett vorne	187	228	249	236
Parkett Mitte	213	219	207	248
Parkett hinten	88	76	97	65
Balkon	37	29	38	22

a) Überschlagt für jeden Tag die Besucherzahlen. An welchem Tag kamen die meisten Besucher? An welchem die wenigsten?

7 a) Donnerstag: $190 + 210 + 90 + 40 =$

b) Überschlagt für jede Kategorie, wie viele Karten verkauft wurden. Aus welcher Kategorie wurden die meisten Karten verkauft? Aus welcher die wenigsten?

(P, K, A, D) → Arbeitsheft, Seite 44

Längen: Meter und Kilometer

Ich wohne 950 Meter weit von der Schule entfernt.

Lilly

Mein Schulweg ist etwa halb so lang wie deiner.

Leo

Zeichenerklärung:
- Ⓗ Haltestelle
- ! Gefahrenstelle
- 🚦 Ampel
- Bäckerei
- Eisdiele
- Schwimmen
- Post
- Krankenhaus
- Kirche
- Bücherei
- Spielplatz
- Fußballplatz
- Skatepark

1000 Meter sind 1 Kilometer.   1000 m = 1 km

1 a) Trage die Längen der Schulwege in eine Tabelle ein. Schreibe in km und m.

Anna: 1 Kilometer 250 Meter   Lena: 1 Kilometer 450 Meter
Leo: 450 Meter   Metin: 1 Kilometer 150 Meter
Till: 1 Kilometer 45 Meter   Mila: 1 Kilometer 105 Meter
Finn: 1 Kilometer 575 Meter   Lilly: 950 Meter

1 a)	1 km	100 m	10 m	1 m	
Anna:	1	2	5	0	1 k m 2 5 0 m

b) Wie lang ist dein Schulweg?

2 Leo und Lilly gehen jeden Tag zu Fuß zur Schule. Vergleiche ihre Schulwege.

a) Wie weit geht Leo an einem Tag (in einer Woche)?
b) Wie weit geht Lilly an einem Tag (in einer Woche)?
c) Schätze: Wie viel Zeit benötigen Leo und Lilly für ihren Schulweg am Tag (in der Woche)?
d) Finde Aufgaben zu deinem Schulweg.

Zu Fuß braucht ein Kind für 1 km ungefähr 20 min.

3 a) Was ist ungefähr einen Kilometer weit von eurer Schule entfernt? Sammelt Beispiele. Zeichnet eine Skizze.

b) Zeichnet einen Kinderstadtplan von eurem Ort.

1 Entfernungen auf unterschiedliche Weisen schreiben. Mit eigenem Schulweg vergleichen (Internetrecherche). 2 Einfache Rechenaufgaben mit Entfernungen durchführen. 3 Stützpunktvorstellung von 1 Kilometer aufbauen (Internetrecherche). Als Projekt Kinderstadtplan entwickeln.

■ (P, K, M, D) → Arbeitsheft, Seite 45

○ **4** Tiere können in der Nacht weite Wege zurücklegen. Ordnet die Wege der Länge nach.

Igel: 2 km 500 m

Marder: 15 km

Fledermaus: 37 km 500 m

Waschbär: 7 km 500 m

Fuchs: 30 km

Wolf: 50 km

Kröte: 600 m

Wildschwein: 22 km 500 m

Wildkatze: 2200 m

○ **5** Vergleicht die Wege von …

a) … Igel und Waschbär.

    5 a)   7 k m 5 0 0 m − 2 k m 5 0 0 m = 5 k m

    Der Waschbär läuft 5 km weiter.

b) … Marder und Wildschwein.

c) … Wildkatze und Igel.

d) …   und .

○ **6** Wie viele km sind die Tiere in der Woche ungefähr nachts unterwegs?

a) der Wolf   b) der Fuchs   c) der Marder   d)

e) Stellt euch vor, ihr begleitet die Tiere. Wie viel Zeit benötigt ihr ungefähr für die Strecken?

✽ **7** Wählt ein Tier. Sucht nach interessanten Entfernungen.
Erstellt ein Plakat. Findet Fragen und rechnet.

4 Weiten sortieren. Mit der größten Weite beginnen. In der Stellentafel und mit Kurzschreibweise notieren. **5** Weiten vergleichen. Bei der Notation an den abgebildeten Schülerlösungen orientieren. **6** Weiten der Nächte einer Woche z. B. mithilfe einer Tabelle bestimmen. **7** Daten für weitere Tiere recherchieren, auf einem Plakat oder Steckbrief festhalten.

79

■ (K, M, D) → Arbeitsheft, Seite 45

Mit Entfernungen rechnen

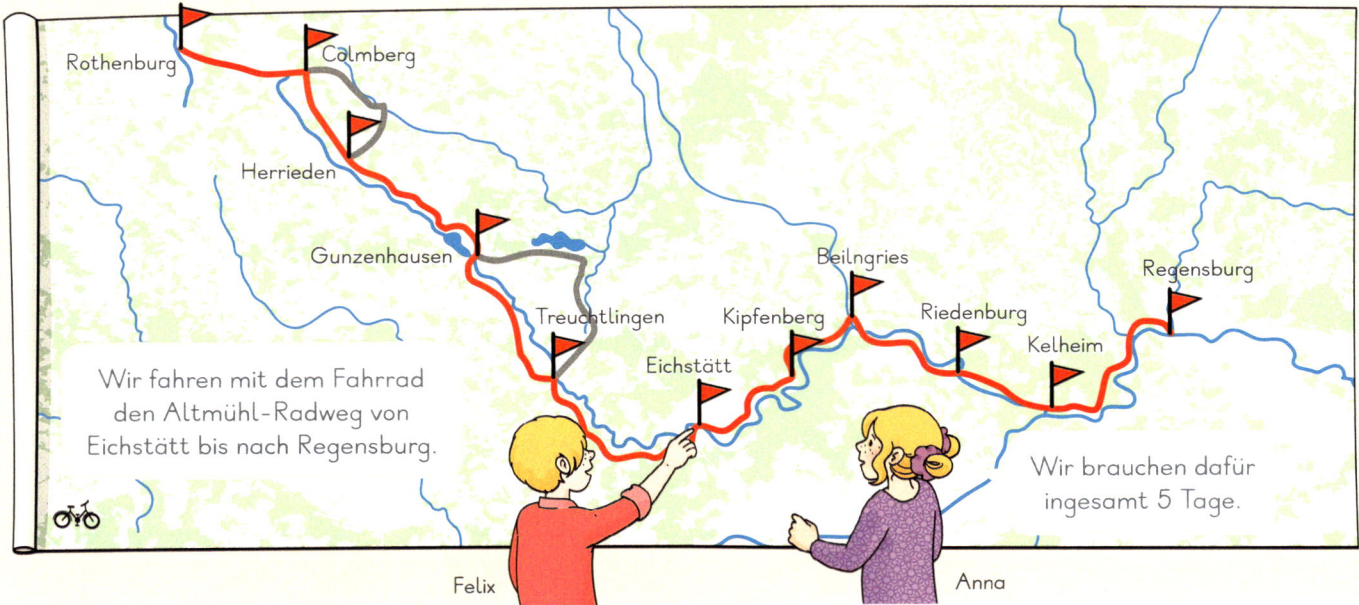

1 Vergleicht die Strecken.

a) An welchem Tag sind Anna und Felix die längste (kürzeste) Strecke gefahren?

b) Wie weit ist es ...

... von Eichstätt nach Beilngries?

... von Kipfenberg nach Riedenburg?

... von Kipfenberg nach Kelheim?

... von ▮ nach ▮?

> 1. Tag von Eichstätt nach Kipfenberg: 27 km
> 2. Tag von Kipfenberg nach Beilngries: 17 km
> 3. Tag von Beilngries nach Riedenburg: 29 km
> 4. Tag von Riedenburg nach Kelheim: 16 km
> 5. Tag von Kelheim nach Regensburg: 37 km

c) Wie viele Kilometer sind sie insgesamt gefahren?

2 Sophie fährt mit ihren Eltern den Altmühl-Radweg von Rothenburg bis Treuchtlingen.

Rothenburg	Colmberg	Herrieden	Gunzenhausen	Treuchtlingen
0 km	30 km	53 km	82 km	110 km

a) An welchem Tag sind sie die längste (kürzeste) Strecke gefahren?

b) Wie weit ist es ...

... von Rothenburg nach Herrieden?

... von Colmberg nach Gunzenhausen?

... von ▮ nach ▮?

c) An einem Tag sind Sophie und ihre Eltern 29 km gefahren. Welche Strecke war es?

3 Von Treuchtlingen nach Eichstätt sind es 44 km.
Wie lang ist der gesamte Altmühl-Radweg von Rothenburg nach Regensburg?

1, 2 Verschiedene Notationsweisen von Strecken besprechen. Ggf. eingezeichnete Sehenswürdigkeiten besprechen.

■ (K, M, D) → Arbeitsheft, Seite 46

4 Wie lang sind die Strecken?

a) Hannover – Kassel – Würzburg

$$4\,a)\quad H - KS - W\ddot{U}$$

$$168 + 194 = 362$$

$$\begin{array}{rcr} 100 + 100 &=& 200 \\ 60 + 90 &=& 150 \\ 8 + 4 &=& 12 \end{array}$$

b) Kassel – Würzburg – Ulm

c) Köln – Dortmund – Bremen

d) Findet weitere Strecken.

5 Findet verschiedene Strecken und vergleicht die Entfernungen …

a) … von Dortmund nach München.

b) … von Kassel nach Berlin.

c) … von ⬜ nach ⬜.

6 Wie lang sind die gefahrenen Strecken?

	Kilometerzähler Start	Kilometerzähler Ziel
a)	2 4 8	3 4 6
b)	4 0 8	6 9 2
c)	5 8 9	7 5 1

Ich ergänze erst zum passenden Einer, also 248 + 8 = 256. Danach zum Zehner, also 256 + 90 = 346. Insgesamt sind es 98 Kilometer.

d) Findet weitere Aufgaben.

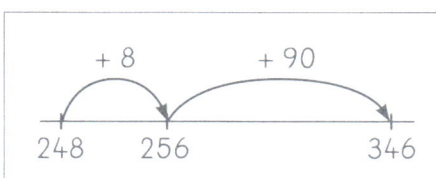

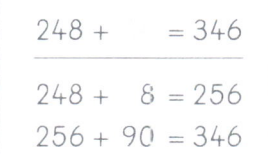

$$248 + \underline{\quad} = 346$$
$$248 + 8 = 256$$
$$256 + 90 = 346$$

Lilly

7 Stellt euch vor, ihr fahrt mit dem Fahrrad eine lange Radtour. Schätzt und überschlagt: Wie viele Tage bräuchtet ihr ungefähr von München …

a) … nach Ulm?   b) … nach Würzburg?   c) … nach Berlin?   d) … nach Kiel?

e) Findet ebenso Fragen zu großen Entfernungen und sucht nach Antworten.

4, 5 Streckenlängen individuell berechnen. Zur Notation Abkürzungen der Städtenamen nutzen. **6** Kilometerzähler-unterschied bestimmen als Vorarbeit auf die schriftliche Subtraktion. **7** Entfernungen überschlagen, tägliche Fahrtstrecke schätzen und Pausen einplanen. Über den Lernstand sprechen.

81

■ (P, K, M, D) → Arbeitsheft, Seite 46

Einführung der schriftlichen Addition

Ich addiere
Hunderter, Zehner
und Einer extra.

Ben

$$154 + 372 = 526$$
$$400 + 120 + 6$$

Ich addiere schriftlich.
Das sind 6 Einer, 2 Zehner und
ein Übertrag, also 5 Hunderter.

Paula

H	Z	E
1	5	4
+ 3	7	2
5	2	6

Bündeln

10 Einer sind ein Zehner.   10 Zehner sind 1 Hunderter.   10 Hunderter sind 1 Tausender.

1 Wie rechnen die Kinder? Beschreibt.

Wir rechnen
erst die Einer
zusammen.

Das sind 12 Einer.
Die müssen wir
bündeln.

12 Einer sind
1 Zehner und
2 Einer.

Ich schreibe einen Übertrag
in die Zehnerspalte.
Dann sind es 9 Zehner.

Paula   Lena

2 Addiere wie Lena und Paula. Achte auf das Bündeln und schreibe die Überträge.

H	Z	E
2	5	8
+ 4	1	7

H	Z	E
1	4	7
+ 6	3	8

H	Z	E
3	2	6
+ 5	9	3

H	Z	E
4	1	8
+ 2	6	3

H	Z	E
4	2	6
+ 3	9	5

1, 2 Die schriftliche Addition aus der halbschriftlichen Strategie *Stellenweise extra* entwickeln. Den Übertrag mithilfe des Bündelns thematisieren. Auf mathematisch korrekte Notation des Rechenweges achten, den Begriff *stellenweise* wiederholen.

■ (K, D) → Arbeitsheft, Seiten 47, 48

Schriftliche Addition

Schriftlich addieren:

Addiere erst die Einer, dann die Zehner, dann die Hunderter. Achte auf die Überträge.

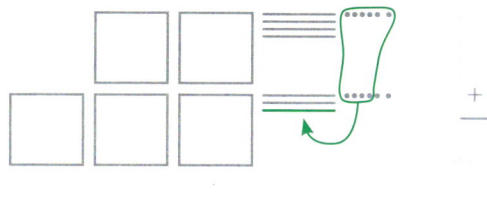

```
  H Z E
  2 4 6
+ 3 2 6
    1
  5 7 2
```
↗ Übertrag

Sprechweise:

6 + 6 = 12, schreibe 2, übertrage 1

4 + 3 = 7, schreibe 7

2 + 3 = 5, schreibe 5

○ **3** Rechne schriftlich. Achte auf die Überträge.

a)	b)	c)	d)	e)	f)	g)
329	174	379	586	33	209	127
+ 137	+ 180	+ 419	+ 155	+ 468	+ 396	+ 87

○ **4** Schreibe stellengerecht untereinander. Addiere schriftlich.

a) 329 + 37
   477 + 156
   208 + 425
   174 + 189

```
4 a)   3 2 9        4 7 7
     +   3 7      + 1 5 6
     ─────────
       3 6 6
```

b) 582 + 224
   678 + 182
   488 + 192
   142 + 466

c) 586 + 191
   375 + 291
    26 + 529
   177 + 267

d) 386 + 119
   107 + 297
   156 + 147
   120 + 82

Bei der schriftlichen Addition werden die Zahlen stellengerecht untereinander geschrieben:
Einer unter Einer, Zehner unter Zehner und Hunderter unter Hunderter.

● **5** Addiert schriftlich.

a) Sortiert. Bei welchen Aufgaben entstehen Überträge?
   In welchen Aufgaben kommt die Ziffer 0 vor?

427 + 68	304 + 392	401 + 376
272 + 573	207 + 72	63 + 405
503 + 282	437 + 288	200 + 499
500 + 202	367 + 76	

Paula

b) Stimmt das?
   Erklärt und findet Beispiele.

Es gibt keine Aufgaben
mit der Ziffer 0 und
mit Übertrag.

Leo

Die Sprechweise bei der schriftlichen Addition kann auch von unten nach oben erfolgen. **3, 4** Sprech- und Schreibweise vertiefen. Überträge und Rechnen mit der Null reflektieren. **5** Aufgaben passend auswählen und stellengerecht notieren.

83

▓ (P) → Arbeitsheft, Seiten 47, 48

Schriftlich addieren

1 Addiere schriftlich. Achte auf die Nullen und die Überträge.

a)
```
   174        341        438        538
 + 216      + 539      + 372      + 162
 ─────      ─────      ─────      ─────
```

b)
```
   305        508        304        703
 + 306      + 309      + 507      + 109
 ─────      ─────      ─────      ─────
```

c)
```
   405        103        207        109
 + 109      + 809      + 104      + 801
 ─────      ─────      ─────      ─────
```

d)
```
   314        428        674        436        713        236        179
 + 286      + 172      + 126      + 364      + 187      + 164      + 121
 ─────      ─────      ─────      ─────      ─────      ─────      ─────
```

174 + 216: Die Einer ergeben 10. Da muss ich zwar nur eine Null hinschreiben, aber an den Übertrag denken.

Till

2 Paschzahlen im Ergebnis: Finde weitere Aufgaben.

a) 213 + 231
752 + 136
683 + 316
303 + 141
▨ + ▨

b) 134 + 88
167 + 55
489 + 66
178 + 44
▨ + ▨

c) 253 + 191
374 + 181
308 + 247
457 + 209
▨ + ▨

3 Findet die fehlenden Ziffern. Achtet auf die Überträge.

a)
```
   2 4 6
 + ▨ ▨ ▨
   1 1
 ───────
   5 0 0
```

b)
```
   2 3 4
 + ▨ ▨ ▨
   1 1
 ───────
   5 0 0
```

c)
```
   3 9 1
 + ▨ ▨ ▨
   1 1
 ───────
   5 0 0
```

d)
```
   ▨ ▨ ▨
 + 4 0 4
   1 1
 ───────
   6 0 0
```

e)
```
   ▨ ▨ ▨
 + 1 2 3
   1 1
 ───────
   6 0 0
```

f)
```
   ▨ ▨ ▨
 + 2 0 6
   1 1
 ───────
   6 0 0
```

4 Wählt immer zwei Zahlen aus. Addiert schriftlich.

225	120	68	432	306	354
456	333	184	118	309	465
512	275	149	543	664	135

200 + 300 sind 500. Dann ist diese Summe auf jeden Fall größer als 500.

Die Summe soll ...

a) ... größer als 500 sein.

b) ... zwischen 400 und 500 liegen.

c) ... kleiner als 400 sein.

4a) 225 + 309

Metin

84

1, 3 Aufgaben mit auftretenden Nullen rechnen, evtl. Probleme besprechen. **2** Das Zustandekommen von Paschzahlen klären. **4** Aufgaben mit vorgegebenen Eigenschaften finden.

■ (P, K, A) → Arbeitsheft, Seite 49

5

Legt mit 6 Ziffernkarten zwei dreistellige Zahlen und addiert sie. Legt mit denselben Karten weitere Aufgaben und beschreibt euer Vorgehen.

0 1 2 3 4 5 6 7 8 9

Findet Aufgaben …

a) … mit der gleichen Summe.

b) … mit einer möglichst kleinen Summe.

c) … mit einer möglichst großen Summe.

d) … mit einer Summe möglichst nah an 750.

e) … mit einem Übertrag.

f) … mit zwei Überträgen.

6

Legt Aufgaben mit den Ziffernkarten.

0 1 2 3 4 5 6 7 8 9

Findet verschiedene Möglichkeiten …

a) … mit der Summe 555.

b) … mit der Summe 777.

c) … mit der Summe 999.

d) … mit der Summe 1000.

7

Spielt „**Summen legen**".

Ihr benötigt zweimal die Ziffernkarten von 0 – 9.
Legt alle Ziffernkarten zu einem Stapel zusammen.
Zieht abwechselnd eine Karte.
Jeder zieht insgesamt 6 Karten.
Entscheidet nach jedem Zug,
an welche Stelle ihr die Ziffer legt.

0 1 2 3 4 5 6 7 8 9

0 1 2 3 4 5 6 7 8 9

Die 1 ist am kleinsten. Deswegen lege ich sie an die Hunderterstelle.

Die 7 ist schon ziemlich groß, deshalb habe ich sie an die Einerstelle gelegt.

a) Es gewinnt die kleinste (größte) Summe.

b) Es gewinnt die Summe, die näher an 500 liegt.

c) Es gewinnt die Summe mit den meisten (wenigsten) Überträgen.

5 Aufgaben operativ variieren, die Auswirkung des Zifferntauschs auf die Summe reflektieren. **6, 7** Die Erfahrungen aus der vorangegangenen Aufgabe aufgreifen und strategisch nutzen.

 85

(P, K, A) → Arbeitsheft, Seite 49

Übungen zur schriftlichen Addition

1 Findet die Fehler.
Was sollen die Kinder beim Rechnen beachten?

2 Rechne schriftlich.

a) 341 + 87   b) 807 + 124   c) 67 + 338   d) 718 + 204
   218 + 537   502 + 378   435 + 75   176 + 64

Zwei Ergebnisse bleiben übrig: 240 328 405 428 510 755 870 880 922 931

3 Findet die fehlenden Ziffern. Wie geht ihr vor?
Achtet auf die Überträge.

a)
```
  3 5 2        3 5 2
+   2 ■      +   2 ■
             1
  3 7 8        3 8 1
```

b)
```
    3 8          3 8
+ 2 ■ 1      + 2 ■ 1
             1
  2 6 9        3 1 9
```

c)
```
  4 ■ 3        4 ■ 3
+ 5 4 2      + 5 4 2
             1 1
  9 8 5      1 0 2 5
```

d)
```
  2 7 6        2 7 6
+ 3 ■ ■      + 3 ■ ■
             1
  5 9 8        6 4 8
```

e)
```
  4 ■ ■        4 ■ ■
+ 5 2 3      + 5 2 6
             1 1 1
  9 9 9      1 0 0 0
```

f)
```
  5 6 2        5 6 2
+ ■ ■ 5      + ■ ■ 5
             1
  8 9 7        9 2 7
```

Hier ist ein Übertrag. 2 plus wie viel ergibt 11?

Murat

1 Typische Fehler beim schriftlichen Addieren besprechen, beschreiben und beheben (z. B. Fehler mit der 0, mit Überträgen, bei der stellengerechten Notation). **2** Schriftliches Addieren sichern. **3** Additionsverfahren vertiefen, Ergänzungsverfahren vorbereiten.

■ (P, K, A) → Arbeitsheft, Seiten 50, 51

Schriftlich addieren mit 3 Zahlen:
Beginne bei den Einern.

H	Z	E
1	5	7
+ 2	3	9
+	2	1
	1	1
4	1	7

Sprechweise:

7 E + 9 E + 1 E = 17 E, schreibe 7, übertrage 1.

5 Z + 3 Z + 3 Z = 11 Z, schreibe 1, übertrage 1.

1 H + 3 H = 4 H, schreibe 4.

○ **4** Rechne schriftlich und achte auf die Überträge. Vergleiche.

a)
```
   134        134
 + 312      + 314
 +  43      +  43
 ─────      ─────
```

b)
```
   425        445
 + 216      + 216
 +  52      +  52
 ─────      ─────
```

c)
```
   216        216
 + 152      + 152
 +  31      +  33
 ─────      ─────
```

d)
```
   245        245
 + 123      + 123
 +  12      +  32
 ─────      ─────
```

e)
```
   437        457
 + 216      + 216
 +  38      +  38
 ─────      ─────
```

f)
```
   154        154
 + 426      + 428
 +  19      +  19
 ─────      ─────
```

Zwei Ergebnisse bleiben übrig: 370 380 399 400 401 489 491 599 600 601 691 693 711 713

○ **5** Rechne schriftlich. Schreibe stellengerecht untereinander.

a) 213 + 362 + 156

317 + 506 + 93

238 + 56 + 127

b) 253 + 133 + 307

122 + 201 + 310

278 + 101 + 78

c) 136 + 219 + 418

312 + 142 + 108

302 + 284 + 414

✳ **6** Findet Aufgaben zur schriftlichen Addition
mit 3 Zahlen. Beschreibt euer Vorgehen.
Die Rechnung hat …

a) … keinen Übertrag.

b) … einen Übertrag, der größer ist als 1.

c) … zwei Überträge.

d) … ein Ergebnis mit einer Null an einer Stelle.

Die beiden Einer
müssen zusammen
kleiner sein als 6, sonst
entsteht ein Übertrag.

Max

● **7** Findet die fehlenden Ziffern und die Überträge.

a)
```
 + 1 6 3      + 1 7 3
 +   1 2      +   1 2
 ───────      ───────
   5 8 9        5 8 9
```

b)
```
 + 3 1 4      + 3 1 4
 + 2 6 1      + 2 6 1
 ───────      ───────
   8 9 7        9 0 7
```

c)
```
 + 7 1 4      + 7 1 4
 + 1 3 2      + 1 3 2
 ───────      ───────
   9 9 9      1 0 0 0
```

Die Sprechweise bei der schriftlichen Addition kann auch von unten nach oben erfolgen. **4, 5** Additionsverfahren auf drei Summanden übertragen. **6, 7** Additionsverfahren vertiefen.

87

(P, K, A) → Arbeitsheft, Seiten 50, 51

Mit Geld rechnen

1 Wie rechnet ihr 1,87 € + 1,36 €? Findet verschiedene Rechenwege.

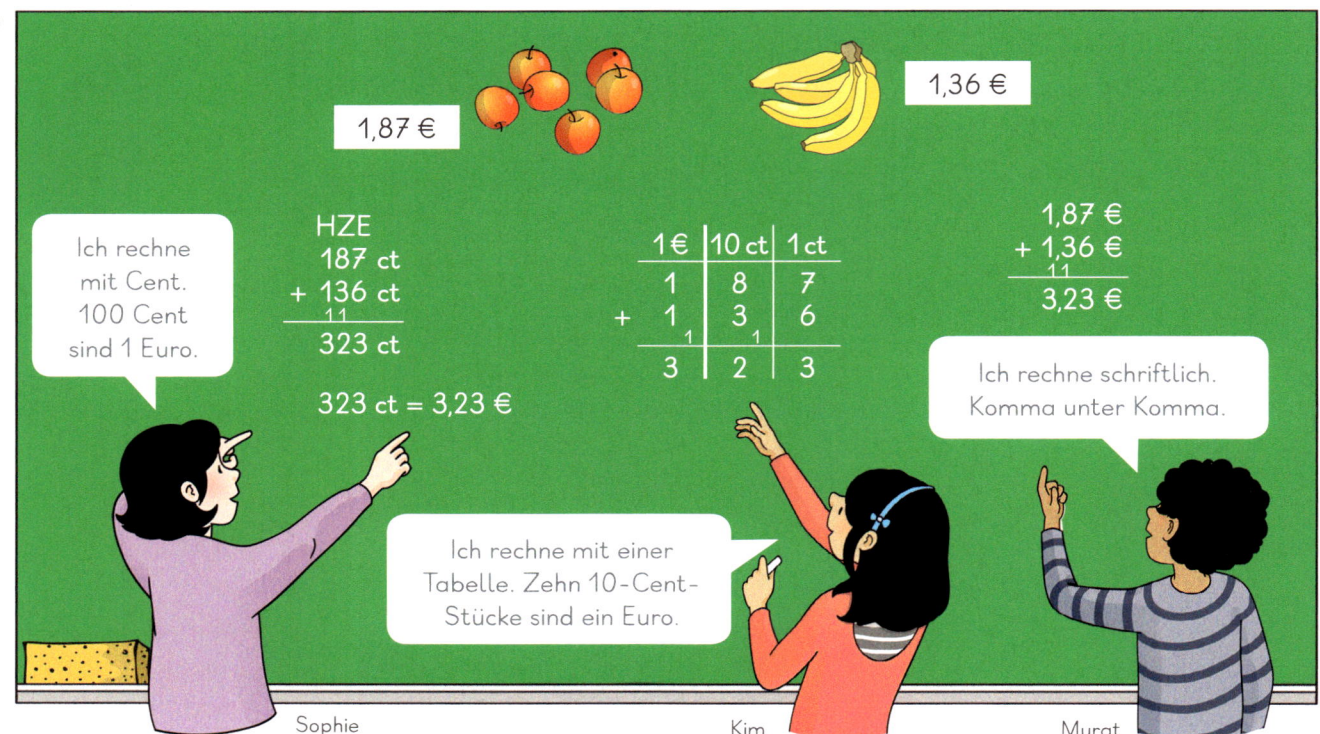

Wie rechnen die Kinder? Beschreibt.

2 Addiere in der Tabelle. Erkläre die Überträge. Schreibe das Ergebnis in Euro.

a) 2,38 €
   1,43 €

2 a)	1 €	1 0 ct	1 ct		
	2	3	8		
+	1	4	3		
		1			
	3	8	1	3 , 8 1 €	

b) 1,37 €
   2,55 €

c) 0,17 €
   1,76 €

d) 3,04 €
   1,07 €

e) 2,70 €
   1,84 €

f) 3,81 €
   1,54 €

g) 2,59 €
   1,86 €

3 Addiere schriftlich. Achte auf das Komma und denke an die Überträge.

a) 1,37 €
   3,53 €

```
3 a)      1 , 3 7 €
        + 3 , 5 3 €
             1
          4 , 9 0 €
```

b) 1,37 €
   3,54 €

c) 1,37 €
   3,55 €

d) 1,37 €
   3,65 €

4 Schriftlich oder im Kopf? Erklärt.

4,00 € + 2,35 €	29,99 € + 30,00 €	125,00 € + 399,00 €	345,78 € + 321,66 €
23,50 € + 45,50 €	67,98 € + 25,08 €	23,56 € + 23,89 €	149,50 € + 200,00 €

4)	im Kopf	schriftlich
	4 , 0 0 € + 2 , 3 5 € = 6 , 3 5 €	

1–3 Verfahren der schriftlichen Addition auf Kommazahlen in Geldwerten übertragen (Mathekonferenz). **4** Geschicktes Rechnen auf Kommazahlen übertragen.

■ (K, A, D) → Arbeitsheft, Seiten 52, 53

5 Reicht das Geld? Wie rechnen die Kinder? Beschreibt.

Dein Überschlag ist größer als 10 Euro. Also müssen wir **genau** rechnen.

3,35 €
4,27 €
+ 2,48 €

Ü: 4 € + 5 € + 3 € = 12 €

Ich erhöhe zum nächsten glatten Euro. Wir brauchen etwas **weniger als** 12 Euro.

Lena

Esra

6 Reicht das Geld? Überschlagt zuerst. Rechnet genau, wenn es notwendig ist.

a)

16,34 € + 13,45 €
15,78 € + 13,98 €

b)

34,76 € + 35,77 €
45,33 € + 23,45 €

c)

23,67 € + 21,66 €
25,35 € + 19,62 €

6 a)   Ü: 1 7 € + 1 4 € = 3 1 €

    1 6, 3 4 €
  + 1 3, 4 5 €
  _____
    2 9, 7 9 €

Das Geld reicht.

Ü: 1 6 € + 1 4 € = 3 0 €   Das Geld reicht.

d)

31,95 € + 32,73 €
28,27 € + 36,17 €

e)

17,42 € + 33,31 €
28,51 € + 20,32 €

f)

16,42 € + 56,12 €
12,31 € + 60,32 €

7 Rechne schriftlich. Überprüfe mit einem Überschlag.

a) 32,12 € + 27,36 €   b) 48,31 € + 17,64 €   c) 32,91 € + 37,32 €

d) 18,65 € + 44,53€   e) 21,78 € + 67,32 €   f) 17,93 € + 25,39 €

Ich kann Zahlen im Hunderterraum und Geldbeträge schriftlich addieren.
Ich kann Additionsaufgaben überschlagen und die schriftliche Rechnung damit überprüfen.

1 Rechne schriftlich.

a) 234
  + 442

b) 601
  + 306

c) 563
  + 52

d) 305
  + 68

e) 438
  + 44

f) 246
  + 567

2 Rechne schriftlich. Schreibe stellengerecht untereinander.

a) 264 + 147   b) 350 + 457   c) 125 + 57   d) 298 + 77   e) 568 + 201

3 Schreibe immer drei Aufgaben.

a) Die Rechnung hat keinen Übertrag.   b) Die Rechnung hat einen Übertrag.

c) Die Rechnung hat zwei Überträge.   d) In der Rechnung kommt eine Null vor.

4 Welche Ziffer fehlt?

a) 2 1 2
  + 1 4 ▨
  ‾‾‾‾‾‾‾
   3 5 8

b) 3 2 4
  + 4 1 ▨
  ‾‾‾‾‾‾‾
   7 3 6

c)   4 8
  + 5 ▨ 5
    ₁
  ‾‾‾‾‾‾‾
   5 7 3

d) 3 ▨ 9
  + 2 3 1
   ₁ ₁
  ‾‾‾‾‾‾‾
   6 1 0

e) 4 2 0
  + 3 ▨ ▨
  ‾‾‾‾‾‾‾
   7 9 8

5 Rechne schriftlich. Schreibe stellengerecht untereinander.

a) 134 + 256 + 47   b) 284 + 132 + 83   c) 153 + 471 + 63   d) 312 + 411 + 56

6 Reicht das Geld? Überschlage zuerst. Rechne genau, wenn es notwendig ist.

a)

16,35 € + 23,12 €
15,35 € + 22,12 €

b)

47,18 € + 11,23 €
48,37 € + 11,51 €

c)

58,64 € + 22,31 €
50,46 € + 28,31 €

7 Rechne schriftlich. Überprüfe die Rechnung mit einem Überschlag.

a) 16,32 € + 52,81 €
   51,53 € + 12,38 €
   25,76 € + 36,21 €
   87,12 € + 34,56 €

b) 27,64 € + 31,58 €
   52,74 € + 41,68 €
   27,93 € + 11,67 €
   54,13 € + 24,87 €

c) 75,48 € + 147,25 €
    38,44 € + 27,65 €
   119,76 € + 24,77 €
    48,58 € + 37,67 €

Wesentliche Aspekte des Kapitels noch einmal reflektieren. Über den Lernstand sprechen.

■ ■ → Arbeitsheft, Seite 54

Forschen und Finden: Streichquadrate

Leo: Ich kreise ein, erst 12, dann 20 und dann noch 11.

Metin: Deine Streichzahl ist 43. Gibt es noch andere Streichzahlen?

$$\begin{array}{r} 12 \\ +\ 20 \\ +\ 11 \\ \hline 43 \end{array}$$

Streichregeln:

1. Wähle eine Zahl und kreise sie ein.

2. Streiche alle restlichen Zahlen in der gleichen Zeile und Spalte.

3. Kreise eine weitere Zahl ein. Streiche wieder alle restlichen Zahlen der gleichen Zeile und Spalte.

4. Eine Zahl bleibt übrig. Kreise sie ein.

5. Addiere die drei eingekreisten Zahlen. Das Ergebnis ist die Streichzahl.

1 Findet verschiedene Streichzahlen. Was fällt euch auf?

a)
17	12	29
20	15	14
25	13	11

b)
3	45	51
62	17	8
39	13	81

c)
2	12	37
38	14	17
68	47	5

d)
4	8	23
12	16	31
7	11	26

e)
14	18	33
22	26	41
17	21	36

2 Streichquadrate aus Plustabellen:

a) Berechnet die fehlenden Zahlen des Streichquadrats.

b) Findet die größte und die kleinste Streichzahl. Was fällt euch auf?

c) Addiert die Randzahlen der Plustabelle. Was stellt ihr fest?

2 c)   8 + 1 2 + 1 6 + 9 + 1 4 + 7 =

d) Schreibt die Aufgaben in das Streichquadrat. Vergleicht die Streichzahl mit der Summe der Randzahlen. Erklärt.

Das gelbe Quadrat ist das Streichquadrat.

Wir müssen immer zwei Randzahlen addieren: 8 + 7 = 15. Das Ergebnis müssen wir hier hineinschreiben.

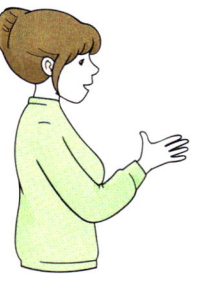

Ben

2 d)

1 7 + 3 0 + 1 9 = 6 6

8 + 9 + 1 6 + 1 4 + 1 2 + 7 = 6 6

3 Erstellt weitere Streichquadrate aus Plustabellen mit der …

a) … Streichzahl 66.
b) … Streichzahl 100.
c) … Streichzahl 500.
d) … Streichzahl ▯.

1 Aufgabenformat „Streichquadrate" kennenlernen. Besonderheit der letzten beiden Streichquadrate hervorheben (konstante Streichsumme).   2 Besondere Streichquadrate mit konstanter Streichsumme herausarbeiten, Konstruktion aus Additionstabellen nachvollziehen.   3 Eigene Streichquadrate konstruieren.

▦ (P, K, A) → Arbeitsheft, Seite 55

Gewichte: Kilogramm und Gramm

Diese Tasche ist leichter als die andere.

Meine Tasche wiegt 2 kg und 600 g.

Das Zahlenbuch ist schwerer als 300 g.

1000 Gramm sind 1 Kilogramm.   1000 g = 1 kg

1 a) Ordnet eure Schultaschen nach dem Gewicht.
Prüft anschließend das Gewicht mit der Waage.
b) Ordnet Gegenstände aus euren Schultaschen nach dem Gewicht. Prüft anschließend das Gewicht mit der Waage.

1 b) Gegenstand	Gewicht
Radiergummi	1 5 g
Zahlenbuch	

2 a) Ordnet die Schultaschen nach dem Gewicht.

Sophie: 2 kg 816 g   Metin: 2 kg 420 g   Noah: 2 kg 691 g   Mila: 2 kg 504 g

b) Wie viel Gramm ist Sophies Schultasche schwerer als Metins Schultasche?

c) Wie viel Gramm ist Milas Schultasche leichter als Noahs Schultasche?

Um Rückenschmerzen zu vermeiden, sollte deine Schultasche leichter als 3 kg 400 g sein.

3 Wiegt verschiedene Gegenstände.
a) Tragt das Gewicht in die Tabelle ein.

3 a)	1 kg	100 g	10 g	1 g
CD		1	0	5

b) Erstellt Plakate.
Findet Gegenstände, die ungefähr 10 g, 100 g, 500 g und 1 kg wiegen.

ungefähr 10 g

ungefähr 100 g

ungefähr 500 g

ungefähr 1 kg

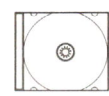

92

Einführung in den Größenbereich „Gewichte". Die Begriffe *Kilogramm* und *Gramm* klären. **1** In Kleingruppen (ca. 5 Kinder) Gegenstände erst nach dem Gewicht ordnen, danach wiegen. **2** Gewichte in die Stellentafel eintragen, vergleichen und berechnen. **3** Plakate gestalten, Stützpunktvorstellungen ausbauen.

■ (K, M, D) → Arbeitsheft, Seite 56

4 Mit diesen Gewichten kannst du jedes Gewicht
von 1 g bis 1 kg legen. Wie legst du?

a) 145 g   b) 215 g

c) 395 g   d) 669 g

e) 1000 g   f)   g

4 a)   1 4 5 g = 1 0 0 g + 2 0 g + 1 0 g + 1 0 g + 5 g

5 Wie schwer ist das Gemüse?

a)    b) 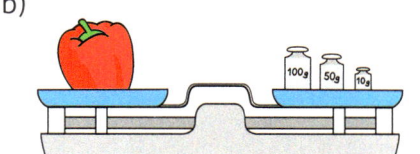   c)

6 Wie viele Packungen wiegen zusammen jeweils 1 kg?

500 g   250 g   100 g   10 g   1 kg = 1000 g

6)   Nudeln: 2 Packungen

Butter:

7 Wie schwer sind die Einkäufe?

a)    b)

c)    d)

e) Stelle einen Einkaufskorb zusammen und berechne das Gewicht.

8 Stimmt das?

a) Alle Federmäppchen in eurer Klasse wiegen zusammen mehr als 3 kg.

b) Alle Schultaschen in eurer Klasse wiegen zusammen mehr als 200 kg.

c) Alle Zahlenbücher in eurer Klasse wiegen zusammen mehr als 25 kg.

d) Findet weitere Aufgaben.

4, 5 Gewichtssteine kennenlernen, Gewicht von Gegenständen mit Gewichtssteinen bestimmen.   6 Standardgewichte
kennenlernen und vergleichen.   7 Gewichte von Lebensmitteln berechnen.   8 Aussagen auf eigenen Wegen überprüfen.
Über den Lernstand sprechen. *Weiterführung und Vertiefung: Themen Gesundheit und Ernährung.*

■ (P, K, M) → Arbeitsheft, Seite 56

93

Gewichte: Kilogramm und Tonne*

Orang-Utan
90 kg

Eisbär
500 kg

Giraffe
1 t 600 kg

Elefant
5 t

Das Gewicht von männlichen und weiblichen Tieren einer Art ist häufig sehr unterschiedlich. Beispiel:
Ein männlicher Orang-Utan wiegt ca. 90 kg und ein weiblicher Orang-Utan ca. 50 kg.

Blauwal
130 t

Finn
30 kg

1000 Kilogramm sind 1 Tonne.   1000 kg = 1 t

1 Ordnet die Tiere nach ihrem Gewicht. Beginnt mit dem leichtesten Tier.

2 Wie schwer sind die Tiere?

a) Ein Koala wiegt ungefähr halb so viel wie Finn.

b) Ein Python wiegt ungefähr halb so viel wie ein Orang-Utan.

c) Ein Flusspferd wiegt ungefähr doppelt so viel wie eine Giraffe.

d) Ein Krokodil wiegt ungefähr so viel wie 6 Orang-Utans.

e) Ein Nashorn wiegt ungefähr so viel wie 5 Eisbären.

f) Ein Pottwal wiegt ungefähr so viel wie 3 Elefanten.

3 Zusammen immer ungefähr 1 t:

a) Wie viele Eisbären sind es?

b) Wie viele Orang-Utans sind es?

c) Wie viele Kinder sind es?

d) Wie viele   ?

4 Wie viel fehlt bis zu 1 t?

a) 350 kg	b) 740 kg	c) 190 kg	d) 470 kg	e) 280 kg	f) 960 kg
349 kg	737 kg	181 kg	468 kg	285 kg	963 kg

4 a)   3 5 0 k g + 6 5 0 k g = 1 0 0 0 k g

1 Erste Erfahrungen zur Gewichtseinheit Tonne sammeln. Tiere nach dem Gewicht ordnen und vergleichen. 2, 3 Sach-aufgaben anhand der Gewichtsangaben lösen. 4 Ergänzen bis zu 1 t.
*Dieses Thema ist kein verbindlicher Inhalt des LehrplanPLUS Grundschule.

■ (D) → Arbeitsheft, Seite 57

Tierbabys

Eisbär
500 g

Orang-Utan
2 kg

Giraffe
50 kg

Blauwal
2 t 500 kg

Elefant
100 kg

○ **5** a) Ordnet die Tiere nach dem Geburtsgewicht. Beginnt mit dem leichtesten Tierbaby.

b) Vergleicht das Geburtsgewicht mit dem Gewicht der erwachsenen Tiere.

c) Wie viele Tierbabys wiegen so viel wie ein ausgewachsenes Tier? Vergleicht.

5 c) 1 Elefantenbaby: 1 0 0 kg
     1 0 Elefantenbabys: 1 t
     5 0 Elefantenbabys: 5 t

50 Elefantenbabys wiegen so viel wie ein ausgewachsener Elefant.

● **6** Ordnet jedem Tier das passende Gewicht zu.

a)    b)    c)    d)    e)

Erdmännchen   Tiger   Wasserbüffel   Strauß   Clownfisch

1 t 200 kg   750 g   135 kg   25 g   300 kg

✳ **7** a) Sucht nach hilfreichen Informationen und beantwortet die Fragen.

Wie viele Kinder
sind so lang
wie ein Blauwal?

Wie viele
Gummibärchen
sind so schwer wie
ein Eisbär?

Wie viele Blätter
frisst eine Giraffe
am Tag?

Noah

Kim

Ben

b) Findet ebenso Fragen zu interessanten Tieren und sucht nach Antworten.

5, 6 Gewichtsangaben vergleichen und zuordnen.   7 Informationen aus Sachbüchern oder aus dem Internet heranziehen.
Die gefundenen Zahlen durch Überschlagen und Schätzen passend vereinfachen.
Weiterführung und Vertiefung: Thema Umweltverhalten.

■ (D, P) → Arbeitsheft, Seite 57

Formen am Geobrett

Dreiecke am Geobrett

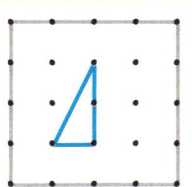

deckungsgleiche Dreiecke

Die Dreiecke sind alle gleich groß.

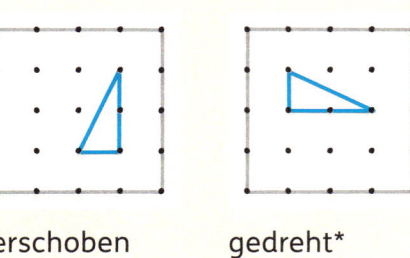

gespiegelt   verschoben   gedreht*

○ **1** Spannt am Geobrett und zeichnet möglichst viele verschiedene ...

    a) ... Dreiecke.

    b) ... Vierecke.

    c) Wie viele habt ihr gefunden? Ordnet und vergleicht.

Das Gummiband darf nicht aufeinander liegen.

Und es darf sich nicht kreuzen.

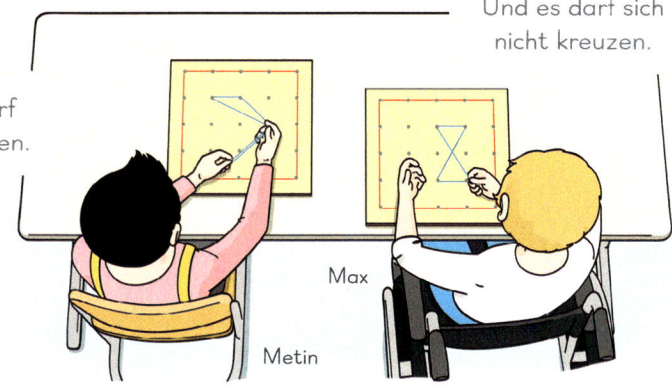

Max

Metin

✳ **2** Spannt ein Dreieck. Spannt eine Ecke um. Welche neuen Dreiecke findet ihr? Zeichnet.

2)

○ **3** Schöne Vierecke

Beschreibt: Welche Ecken müsst ihr umspannen?

a) Aus ...   macht ...

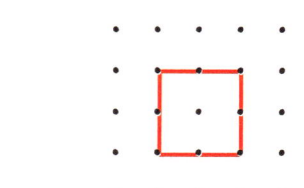
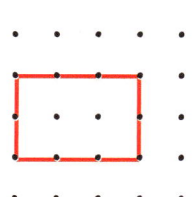

3 a)

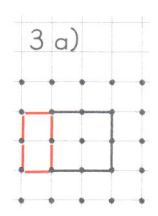

b) Aus ...   macht ...

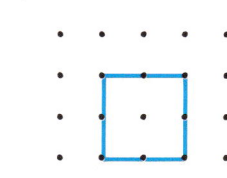
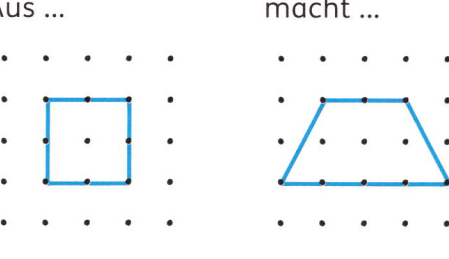

c) Aus ...   macht ...

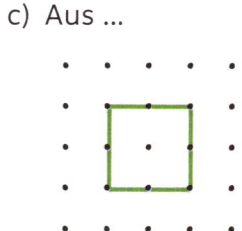
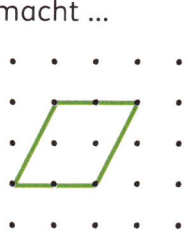

d) Aus ...   macht ...

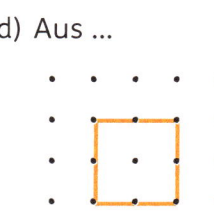
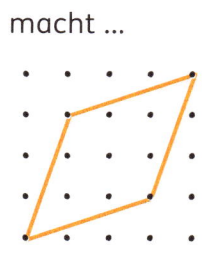

e) Spannt ein Viereck. Spannt um. Welche neuen Vierecke findet ihr? Zeichnet.

Freies Spannen am 5 x 5- o. 3 x 3-Geobrett den Aufgaben voranstellen. **1** Möglichst strategisch viele Dreiecke, Vierecke auf dem 3 x 3-Geobrett finden. Über Strategien sprechen. Achtung: Gedrehte*, gespiegelte und verschobene Formen werden nicht unterschieden. **2, 3** Formen systematisch verändern und zeichnen. * Drehsymmetrie ist kein Inhalt des LehrplanPLUS Grundschule.

■ (P, K, D) → Arbeitsheft, Seite 58

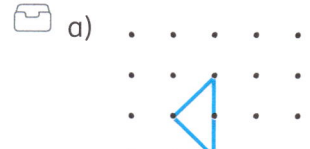 **4** Symmetrische Dreiecke und Vierecke: Spiegelt das Dreieck an allen drei Seiten.
Welche Formen entstehen? Zeichnet.

a)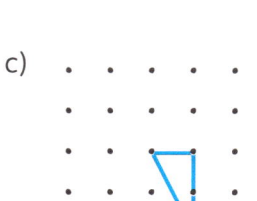

b)

c)

d)

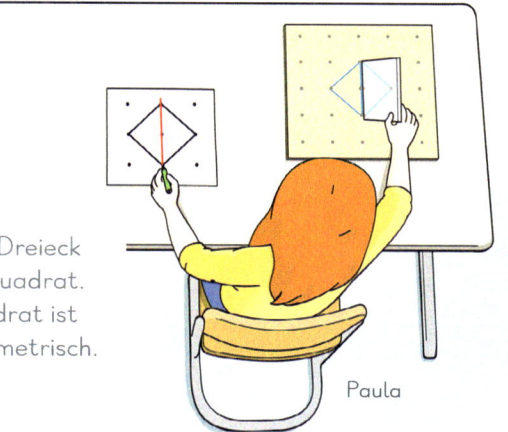

Aus dem Dreieck wird ein Quadrat. Das Quadrat ist achsensymmetrisch.

Paula

 **5** Symmetrische Figuren: Spiegelt das Viereck an allen vier Seiten.
Welche Formen entstehen? Zeichnet.

a)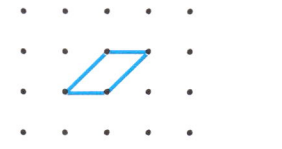

b)

c)

d)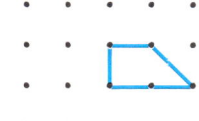

e)

f) Findet eigene Vierecke, die ihr am Geobrett spiegeln könnt.

 6 Spannt eine Figur am Geobrett. Dein Partner spannt das Spiegelbild.

Ich habe ein Fünfeck gespannt. Hier ist die Symmetrieachse.

Ich fange mit dem Spiegelbild an der Symmetrieachse an.

Noah

Mila

4, 5 Formen auf dem 5 x 5-Geobrett an allen möglichen Seiten spiegeln. Vorab vermuten lassen, welche Formen entstehen (Dreieck, Viereck, Fünfeck, …). Bei 4c) und 4d) lassen sich nicht alle Spiegelungen im Raster ausführen. Achsensymmetrie thematisieren. **6** Partnerspiel am 5 x 5-Geobrett, alternativ am 3 x 3-Geobrett spielen. Achsensymmetrische Figuren erzeugen.

 **97**

■ (K, D) → Arbeitsheft, Seite 58

Flächeninhalte am Geobrett

Immer 6 Einheitsquadrate

 Eva
Das sind 3 mal 2 Quadrate.

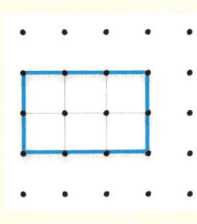

Ich sehe 2 mal 2 Quadrate und 2 einzelne.

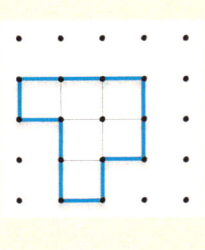

 Eric

Es sind 2 mal 2 Quadrate und noch 2 einzelne Quadrate, denn 2 Dreiecke sind so groß wie 1 Quadrat.

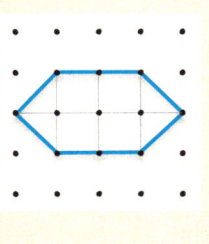

 Marta

Der Flächeninhalt gibt an, wie viele Einheitsquadrate (EQ) in die Fläche passen.

Einheitsquadrat:

1 Wie groß ist der Flächeninhalt? Erklärt.

a)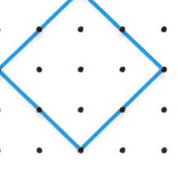

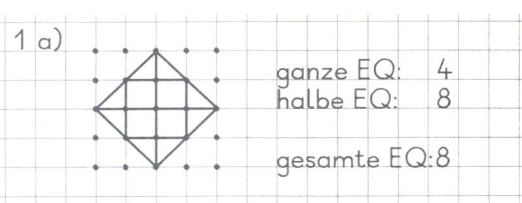

1 a) ganze EQ: 4
      halbe EQ: 8

      gesamte EQ: 8

b) 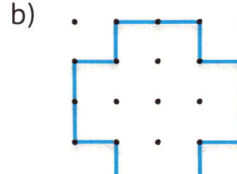   c) 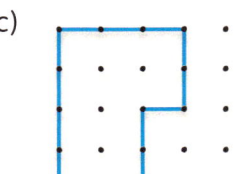   d) 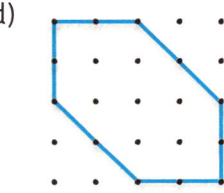   e)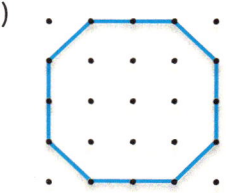

2 Findet und zeichnet Figuren, die einen Flächeninhalt haben von …

a) … 4 Einheitsquadraten.   b) … 8 Einheitsquadraten.   c) … 10 Einheitsquadraten.

3 Halbiert die Fläche des Geobretts. Findet verschiedene Möglichkeiten. Zeichnet.

Beide Hälften sind 8 Einheitsquadrate groß.

Paula   Esra

1 Zur Flächeninhaltsbestimmung die Formen nachspannen oder abzeichnen. Mit Einheitsquadraten ausmessen. Besonderheit halber Quadrate besprechen.   2 Formen mit vorgegebenem Flächeninhalt spannen. Anzahl der Einheitsquadrate bestimmen.   3 Beim Halbieren der Geobrettfläche möglichst systematisch vorgehen. Strategien besprechen.

■ (P, K, A, D)   → Arbeitsheft, Seite 59

4 Wie verändert sich der Flächeninhalt?

a) Aus ...   macht ...

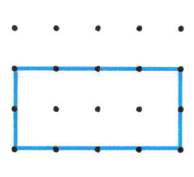   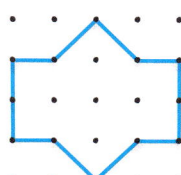

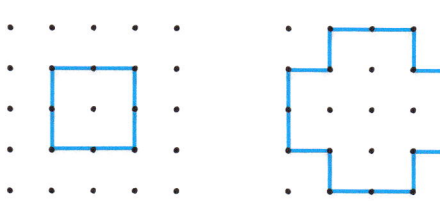

Es kommen 8 EQ hinzu.

b) Aus ...   macht ...

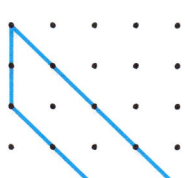   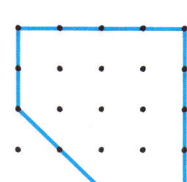

c) Aus ...   macht ...

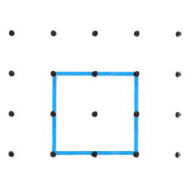   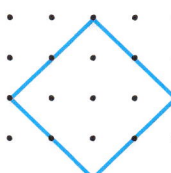

d) Aus ...   macht ...

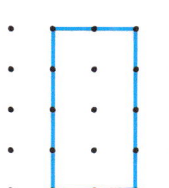   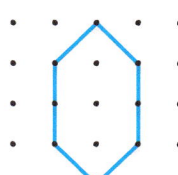

e) Aus ...   macht ...

 5 Verändert die Figur. Verdoppelt den Flächeninhalt.
Findet verschiedene Lösungen. Zeichnet.

a)   b)   c)   d)

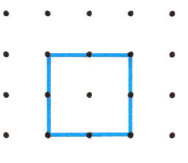   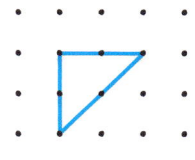   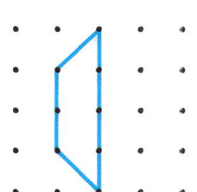   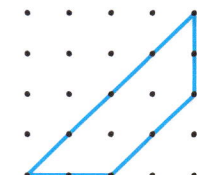

 6 Verändert die Figur. Halbiert den Flächeninhalt.
Findet verschiedene Lösungen. Zeichnet.

a)   b)   c)   d)

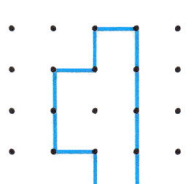   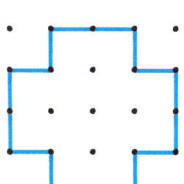   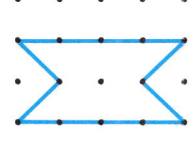   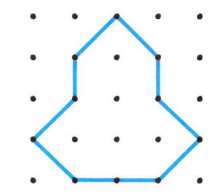

 7 Spannt eine Figur und zeichnet.

a) Verdoppelt den Flächeninhalt.   b) Halbiert den Flächeninhalt.

4 Veränderung des Flächeninhaltes durch (systematisches) Spannen oder zeichnerisch lösen. Lösungen entsprechend der Schülerlösung dokumentieren. **5–7** Flächeninhalt der bzw. eigener Formen verdoppeln bzw. halbieren. Möglichst verschiedene Lösungen finden und zeichnen. Über den Lernstand sprechen.

■ (P, K, D) → Arbeitsheft, Seite 59

Einführung der schriftlichen Subtraktion

Ich ziehe ab: Hunderter, Zehner und Einer extra.

362 − 128

Ich ziehe schriftlich von oben nach unten ab. Erst ziehe ich die Einer ab, dann die Zehner, dann die Hunderter.

362 − 128 = 234

200 + 40 − 6

```
H Z E
3 6 2
− 1 2 8
  2 3 4
```

Ben

Paula

○ **1** Wie rechnet Paula? Beschreibt.

H	Z	E
3	6	2
− 1	2	8

Von 2 Einern kann ich 8 Einer nicht wegnehmen. Also entbündele ich 1 Zehner in 10 Einer.

Paula

H	Z	E
3	6̷	2
− 1	2	8

Jetzt habe ich 12 Einer und 1 Zehner weniger. Ich setze einen Strich. Von den 12 Einern kann ich 8 Einer wegnehmen. Also 12 − 8.

H	Z	E
3	6̷	2
− 1	2	8
		4

12 − 8 = 4.
Es bleiben 4 Einer übrig.

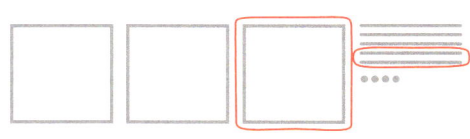

H	Z	E
3	6̷	2
− 1	2	8
2	3	4

Von den 5 Zehnern kann ich 2 Zehner abziehen und von den 3 Hundertern kann ich 1 Hunderter abziehen.

○ **2** Legt und rechnet wie Paula. Entbündelt die Zehner.

a)
H	Z	E
2	5	3
−	1	6

b)
H	Z	E
3	4	6
−	2	8

c)
H	Z	E
5	6	4
−	3	7̷

d)
H	Z	E
4	7̷	2
−	5	6

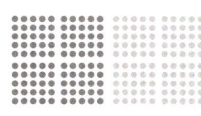

1, 2 Vorbereitung der schriftlichen Subtraktion (Abziehverfahren) durch stellenweises Abziehen mit Material und an der Stellentafel. Veranschaulichung an Punktefeldern oder auch am Dienes-Material oder Geld (Entbündeln des Zehners verdeutlichen).

■ (K, D) → Arbeitsheft, Seite 60

Schriftliche Subtraktion: Entbündeln

3 Beschreibt.

$572 - 149 =$

H	Z	E
5	7	2
– 1	4	9

Schritt 1:

1 Zehner = 10 Einer

12 E – 9 E = **3** E

H	Z	E
5	7̶	2
– 1	4	9
		3

Von 2 E die 9 E wegnehmen geht nicht, also entbündele 1 Z in 10 E. Der Zehner wird 1 kleiner, die Einer werden 10 größer. Rechne 12 – 9 = 3. Schreibe **3** an.

Schritt 2:

6 Z – 4 Z = **2** Z

H	Z	E
5	7̶	2
– 1	4	9
	2	3

Von 6 Z die 4 Z wegnehmen, also 6 – 4 = 2. Schreibe **2** an.

Schritt 3:

5 H – 1 H = **4** H

H	Z	E
5	7̶	2
– 1	4	9
4	2	3

Von 5 H den 1 H wegnehmen, also 5 – 1 = 4. Schreibe **4** an.

Schriftlich subtrahieren:
Ziehe erst die Einer ab, dann die Zehner, dann die Hunderter.
Achte auf das Entbündeln.

```
  H Z E
  5 7̶ 2
– 1 4 9
  4 2 3
```

Sprich und schreibe kurz:
2 – 9 geht nicht, 1 Zehner entbündeln, Strich setzen
12 – 9 = 3, schreibe 3 an
7̶ – 1 – 4 = 2, schreibe 2 an
5 – 1 = 4, schreibe 4 an

4 Rechne schriftlich. Vergleiche.

a)
```
  H Z E        H Z E        H Z E
  9 5 8        9 5 8        9 5 8
– 3 4 6      – 3 5 6      – 3 6 6
```

b)
```
  H Z E        H Z E        H Z E
  8 9 5        8 9 5        8 9 5
– 1 8 9      – 1 9 9      – 2 0 9
```

5 Rechne schriftlich. Überlege, wann du entbündeln musst.

a)
```
  H Z E
  4 6 0
– 2 4 7
```

b)
```
  H Z E
  5 2 7
– 1 8 6
```

c)
```
  H Z E
  3 5 6
– 1 6 7
```

d)
```
  H Z E
  5 8 0
– 2 3 6
```

e)
```
  H Z E
  3 3 6
–   8 3
```

f)
```
  H Z E
  7 6 1
– 3 1 7
```

g)
```
  H Z E
  4 8 7
– 2 3 1
```

h)
```
  H Z E
  9 7 5
– 3 1 8
```

i)
```
  H Z E
  7 2 3
– 3 6 0
```

j)
```
  H Z E
  6 0 8
– 3 1 4
```

k)
```
  H Z E
  6 0 0
– 2 5 6
```

l)
```
  H Z E
  4 3 7
–   8 1
```

3–5 Schriftliche Subtraktion als Abziehverfahren mit dem stellenweisen Entbündeln am Minuenden entwickeln und mit der Stellentafel erklären. Entbündeln als „Umwechseln" von einer größeren Stelle in eine kleinere Stelle erklären. Die Sprech- und Schreibweise verdeutlichen und üben.

(K, D) → Arbeitsheft, Seite 60

Schriftlich subtrahieren

1 Beschreibt.

H	Z	E
5	0	2
− 1	4	9

Ich kann keinen Zehner entbündeln.

H	Z	E
5	0	2
− 1	4	9

Also muss ich erst einen Hunderter in 10 Zehner entbündeln.

H	Z	E
5	0	2
− 1	4	9

Jetzt kann ich auch einen Zehner in 10 Einer entbündeln.

a) 804 − 248

```
1 a)    8 0 4
         | |
      − 2 4 8
        5 5 6
```

b) 705 − 128   c) 903 − 125   d) 709 − 659

e) 610 − 73   f) Findet weitere Aufgaben.

2 Schriftliche Subtraktion mit Nullen

a)	b)	c)	d)	e)	f)	g)
703	703	802	503	403	600	720
− 301	− 304	− 307	− 165	− 258	− 191	− 309

3 Rechnet und vergleicht die Differenzen. Was fällt euch auf?

a) 654   654   b) 543   543   c) 390   390
  − 135 − 519   − 216 − 327   − 167 − 223

d) 456   456   e) 849   849   f) 615   615
  − 217 − 239   − 567 − 282   − 241 − 374

4 Schreibt stellengerecht untereinander und rechnet schriftlich.
Kontrolliert mit der Probe.

a) 748 − 407
   437 − 165

b) 611 − 404
   257 − 119

c) 164 − 87
   144 − 95

d) 581 − 282
   383 − 84

e) 418 − 132
   247 − 87

f) 307 − 218
   415 − 127

g) 527 − 372
   824 − 95

h) 704 − 328
   900 − 687

Wir kontrollieren das Ergebnis mit der Probe.

Wir rechnen die Umkehraufgabe.

Sophie   Ben

1, 2 Das Rechnen mit der Null bewusst in den Blick nehmen und Sprech- und Schreibweisen vertiefen.   3 Aufgaben stellengerecht notieren und erklären, warum die Differenz mit dem Subtrahenden der Partneraufgabe übereinstimmt.   4 Umkehraufgabe als Probe durchführen. Beide Rechnungen vergleichen.

■ (P, K, A)   → Arbeitsheft, Seiten 61, 62

5 Findet die Fehler. Was sollen die Kinder beim Rechnen beachten?

6 Schreibe stellengerecht untereinander und rechne schriftlich.

a) 841 − 206
691 − 328

b) 704 − 123
627 − 250

c) 853 − 62
754 − 37

d) 643 − 256
735 − 236

Zwei Ergebnisse bleiben übrig: 363 367 377 387 499 581 635 711 717 791

7 Wählt immer zwei Zahlen aus. Schreibt stellengerecht untereinander und rechnet schriftlich.

725	120	906	354
333	184	118	789
912	275	238	543
856	565	664	225

Die Differenz soll ...

a) ... größer als 500 sein.

b) ... zwischen 400 und 500 liegen.

c) ... kleiner als 400 sein.

d) Findet weitere passende Aufgaben.

700 − 200 sind 500.
Also ist diese Differenz auf
jeden Fall größer als 500.

8 Findet die fehlenden Ziffern und beschreibt euer Vorgehen. Achtet auf das Entbündeln.

a)
```
  8 9 ▓        7 ▓ 6
− 3 6 1      − 3 1 2
───────      ───────
  5 3 5        4 1 4
```

b)
```
  5 6 4        8 9 4
− 3 6 ▓      − 6 ▓ 2
───────      ───────
  2 0 3        2 8 2
```

c)
```
  6 2 4        8 ▓ 4
− 2 ▓ 5      − 3 8 ▓
───────      ───────
  4 1 9        4 4 4
```

5 Bewusstheit für typische Fehler erlangen, Fehler beschreiben. 6–8 Das Verfahren der schriftlichen Subtraktion vertiefen.

103

■ (P, K, A) → Arbeitsheft, Seiten 61, 62

Übungen zur schriftlichen Subtraktion

1 Legt mit den Ziffernkarten zwei dreistellige Zahlen.
Findet Aufgaben …

`0 1 2 3 4 5 6 7 8 9`

   a) … mit einer möglichst kleinen Differenz.

   b) … mit einer möglichst großen Differenz.

2 Legt mit den 6 Ziffernkarten Aufgaben.
Findet verschiedene Möglichkeiten …

`1 2 3 4 5 6`

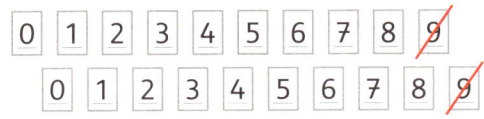

   a) … mit der Differenz 111 (333).

   b) … mit einer Differenz möglichst nah an 222 (444).

3 Spielt **„Ziffernkarten ziehen"**.
Ihr benötigt zweimal die Ziffernkarten von 0 – 9.
Jeder legt eine `9` an die Hunderterstelle der 1. Zahl.
Zieht abwechselnd eine Karte.
Bildet zwei dreistellige Zahlen.
Entscheidet nach jedem Zug, an welche Stelle
ihr eure Ziffernkarte legt.

`0 1 2 3 4 5 6 7 8 9`
`0 1 2 3 4 5 6 7 8 9`

   a) **„Möglichst klein (groß)"**.

   Es gewinnt die kleinste (größte) Differenz.

   b) **„Möglichst nah an 500"**.

   Es gewinnt die Differenz, die näher an 500 liegt.

   c) Vergleicht.

   Die Kinder spielen **„Möglichst nah an 500"**.

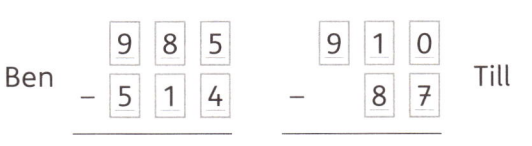

Ben
```
  9 8 5
- 5 1 4
-------
```

```
  9 1 0
-   8 7
-------
```
Till

Anna
```
  9 6 3
- 4 3 0
-------
```

```
  9 2 6
- 4   5
-------
```
Mila

Mit welcher Ziffernkarte gewinnt Till?

Mit welchen Ziffernkarten gewinnt Mila?

1–3 Übungen zur schriftlichen Subtraktion mithilfe von Ziffernkarten. Erkundungen zur Veränderung der Differenzen durch geschickte Wahl der Ziffern. **1** Einfache und schwierigere Aufgaben unterscheiden. **2** Aufgaben zu einer bestimmten Differenz finden und vergleichen. **3** Erkenntnisse im Spiel sichern und anwenden.

■ (P, K, A) → Arbeitsheft, Seite 63

✳ **4** Rechnet Minustürme. Wie lang werden die Türme? `0` `1` `2` `3` `4` `5` `6` `7` `8` `9`

👥 1. Wählt 3 Ziffernkarten.

2. Bildet die größte Zahl und ihre Umkehrzahl. Berechnet die Differenz.

3. Bildet mit den Ziffern der Differenz immer wieder eine neue Aufgabe, bis sich Aufgaben wiederholen.

Die Differenz oben ist 594, also die Ziffern 4, 5 und 9. Die nächste Aufgabe ist dann 954 – 459.

```
  9 6 3
– 3 6 9
  5 9 4
```

```
  9 5 4
– 4 5 9
```

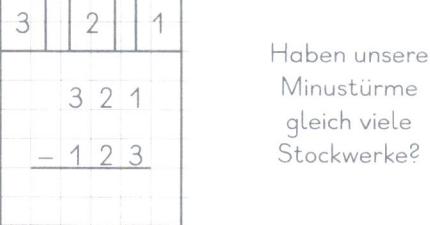

```
  3 2 1
– 1 2 3
```

Haben unsere Minustürme gleich viele Stockwerke?

Ina

a) Findet Minustürme mit verschiedenen Zahlen. Was fällt euch auf?

b) Findet Minustürme mit möglichst vielen Stockwerken.

c) Findet Minustürme mit möglichst wenigen Stockwerken.

● **5** Schöne Päckchen: Setze fort. Was fällt dir auf? Beschreibe und erkläre.

a)
```
   700      690      680      670
 – 501    – 502    – 503    – 504
```

Die 1. Zahl wird immer 10 kleiner und die 2. Zahl wird immer 1 größer. Also wird der Unterschied immer 11 kleiner.

b)
```
   610      619      628      637
 – 401    – 412    – 423    – 434
```

c)
```
   801      810      819      828
 – 610    – 619    – 628    – 637
```

d)
```
   164      275      386      497
 –  87    –  98    – 109    – 120
```

Lena

● **6** Rechne und vergleiche.

a)
```
   987      888      987
 –  99    –  99    – 198
```

b)
```
   876      777      876
 –  99    –  99    – 198
```

c)
```
   765      666      765
 –  99    –  99    – 198
```

d)
```
   753      555      753
 – 198    – 198    – 396
```

Zwei Ergebnisse bleiben übrig: 357 357 555 567 567 588 588 666 678 678 777 789 789 888

4 Minustürme aus Ziffernkarten bilden und mit den Ergebnissen weiterrechnen. **5** Schöne Päckchen rechnen und Zusammenhänge mit Forschermitteln beschreiben und begründen. **6** Muster in den Aufgaben beschreiben und erklären.

105

■ (K, A, D) → Arbeitsheft, Seite 63

Ich kann Zahlen schriftlich subtrahieren.
Ich kann Subtraktionsaufgaben mit der Umkehraufgabe kontrollieren.

○ **1** Rechne schriftlich.

a) 447	b) 608	c) 562	d) 403	e) 432	f) 846
− 125	− 306	− 42	− 47	− 56	− 567

○ **2** Rechne schriftlich und vergleiche.

a)
364	364	364	364
− 146	− 157	− 168	− 179

b)
601	702	803	904
− 427	− 327	− 227	− 127

c)
207	216	225	234
− 107	− 117	− 127	− 137

d)
166	255	344	433
− 89	− 178	− 267	− 356

○ **3** Rechne schriftlich. Schreibe stellengerecht untereinander.
Kontrolliere: Rechne zur Probe die Umkehraufgabe.

a) 879 − 128
704 − 128
616 − 128

```
3 a)      8 7 9    Probe:    7 5 1
                            + 1 2 8
        − 1 2 8    ────────────────
        ─────────            8 7 9
          7 5 1
```

b) 581 − 282
518 − 282
508 − 282

c) 868 − 686
858 − 585
959 − 595

d) 1000 − 222
1000 − 444
1000 − 666

e) 625 − 218
625 − 281
625 − 291

○ **4** Welche Ziffern fehlen?

a)
7 8 5
− 1 4 ▨
6 4 3

b)
5 2 4
− 4 1 ▨
1 1 4

c)
5 4 8
− ▨ ▨ 5
2 1 ▨

d)
3 ▨ 9
− 2 3 9
▨ 1 0

e)
4 2 0
− ▨ ▨ ▨
1 9 8

○ **5** Rechne schriftlich. Finde Minusaufgaben.
Die Differenz soll ...
a) ... größer als 300 sein.   b) ... zwischen 200 und 300 liegen.   c) ... kleiner als 200 sein.

5)	a) größer als 300	b) zwischen 200 und 300	c) kleiner als 200

Wesentliche Aspekte des Kapitels noch einmal reflektieren. Über den Lernstand sprechen.

■ → Arbeitsheft, Seite 64

Forschen und Finden: Umkehrzahlen

⁎ 1 Bildet eine dreistellige Zahl und die Umkehrzahl. Berechnet die Differenz.

a) Findet verschiedene Aufgaben.

b) Ordnet die Aufgaben nach den Ergebnissen. Was fällt euch auf?

2 Subtrahiert von den Zahlen die Umkehrzahlen.
Wie verändern sich die Differenzen?

a) 910, 911, 912, 913, 914, 915, 916, 917, 918, 919

b) 810, 811, 812, 813, 814, 815, 816, 817, 818

c) Wählt eigene Zahlen und verändert nur die Einer.

2 a)	9 1 0	9 1 1	9 1 2
	− 1 9	− 1 1 9	− 2 1 9

3 Subtrahiert von den Zahlen die Umkehrzahlen.
Wie verändern sich die Differenzen?

a) 201, 211, 221, 231 …

b) 301, 311, 321, 331 …

c) Wählt eigene Zahlen und verändert nur die Zehner.

3 a)	2 0 1	2 1 1	2 2 1
	− 1 0 2	− 1 1 2	− 1 2 2

4 a) Findet mehrere Aufgaben zu einem Ergebnis. Wie geht ihr vor? Erklärt.

b) Marta findet Aufgaben zum Ergebnis 297. Wie geht sie vor? Erklärt.

4 b)	421 − 124 = 300 − 3 = 297	532 − 235 = 300 − 3 = 297
	400 − 100	500 − 200
	20 − 20	30 − 30
	1 − 4	2 − 5

1 Notation der Aufgaben auf flexiblen Karten (z. B. Klebenotizzettel), Möglichkeit zum Ordnen; 9 verschiedene Ergebniszahlen (Vielfache von 99). **2, 3** Muster ergründen: Der Unterschied zwischen den Hundertern und den Einern bestimmt das Ergebnis, die Zehnerziffer ist ohne Wirkung. **4** Ergebnisse gezielt treffen.

■ (P, K, A, D) → Arbeitsheft, Seite 65

Mit Längen rechnen

Ungefähre Tauchtiefen von Pinguinen

Die meisten Pinguine leben am Südpol. Sie sind gute Schwimmer und Taucher. Im Meer finden sie Tintenfische, Krebse und Fische zum Fressen. Pinguine tauchen unterschiedlich tief.

Kaiserpinguine
sind die Könige der Taucher.
Tauchtiefe: 534 m
Gewicht: 40 kg

Felsenpinguine
Tauchtiefe: 100 m
Gewicht: 3 kg 500 g

Zwergpinguine
Tauchtiefe: 30 m
Gewicht: 1 kg 500 g

Königspinguine
Tauchtiefe: 343 m
Gewicht: 14 kg

Brillenpinguine
Tauchtiefe: 128 m
Gewicht: 4 kg

1 a) Tauchtiefen von Pinguinen: Erzählt und ordnet.
 b) Zeichnet die Tauchtiefen in ein Säulendiagramm ein.

1 b)

	KP	FP	BP	ZP	KöP	
						Pinguin

100
200
300
400
500

Tauchtiefe in m

KP = Kaiserpinguin, FP = Felsenpinguin,
BP = Brillenpinguin, ZP = Zwergpinguin, KöP = Königspinguin

2 Vergleicht die Tauchtiefen und berechnet die Unterschiede zwischen ...
  a) ... Kaiserpinguin und Königspinguin.
  b) ... Kaiserpinguin und Brillenpinguin.
  c) ... Zwergpinguin und Brillenpinguin.
  d) ... ▨ und ▨ .

3 Zur Futtersuche führen Königspinguine am Tag bis zu 150 Tauchgänge durch.
Die Tauchtiefen verändern sich mit den Tageszeiten.
Die Tabelle zeigt, wie tief die Pinguine zu den verschiedenen Tageszeiten tauchen können.

Uhrzeit	zwischen 0 – 4 Uhr	zwischen 4 – 8 Uhr	zwischen 8 – 12 Uhr	zwischen 12 – 16 Uhr	zwischen 16 – 20 Uhr	zwischen 20 – 24 Uhr
Königspinguin	37 m	189 m	197 m	343 m	286 m	39 m

a) Zeichnet die verschiedenen Tauchtiefen in ein Säulendiagramm ein.
b) Vergleicht die Tauchtiefen der Pinguine und berechnet die Unterschiede.

3 a)

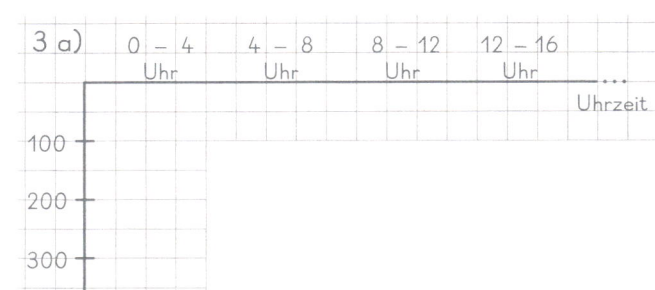

4 Sucht in Büchern oder im Internet nach anderen interessanten Tauchtiefen.
Vergleicht und rechnet ebenso.

1, 2 Informationen der Pinnwand entnehmen und gemeinsam besprechen, unbekannte Begriffe klären. Tauchtiefen im Säulendiagramm darstellen und Differenzen ermitteln. **3** Tauchtiefen im Verhältnis zu den Tageszeiten interpretieren. Je heller, desto tiefer tauchen die Pinguine. **4** Eigene Daten recherchieren und darstellen.

■ (K, M, D)

Gebäude in Deutschland

Der Berliner Fernsehturm ist das höchste Gebäude in Deutschland.

Leuchtturm Amrum
Turmhöhe: 42 m
Stufen: 297

Leuchtturm Norderney
Turmhöhe: 60 m
Stufen: 252

Ulmer Münster
Turmhöhe: 162 m
Stufen: 768

Kölner Dom
Turmhöhe: 157 m
Stufen: 533

Fernsehturm Dortmund
Höhe: 209 m
Stufen: 762 bis zur Aussichtsplattform

Fernsehturm Berlin
Höhe: 368 m
Stufen: 986 Aufzug bis zur Aussichtsplattform

5 a) Höhen von Gebäuden in Deutschland: Erzählt und ordnet.
b) Zeichnet die Höhen der Gebäude in ein Säulendiagramm ein. Vergleicht.

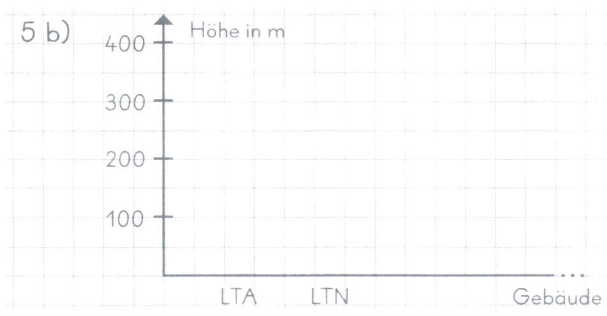

6 Vergleicht die Anzahlen der Stufen und berechnet die Unterschiede zwischen …
a) … Fernsehturm Dortmund und Fernsehturm Berlin.
b) … Kölner Dom und Ulmer Münster.
c) … Leuchtturm Amrum und Leuchtturm Norderney.
d) … und .
e) Wie hoch ist eure Schule? Wie viele Stufen sind in eurer Schule?

7 Gebäude in Bayern

Fernsehturm, Nürnberg
292 m

Frauenkirche, München
99 m

Martinskirche, Landshut
130 m

Dom St. Peter, Regensburg
105 m

a) Zeichnet die Höhen der Gebäude in ein Säulendiagramm ein.
b) Vergleicht die Höhen der Gebäude und berechnet die Unterschiede.

8 Stellt euch vor, ihr könntet auf einer Treppe bis auf die Aussichtsplattform des Fernsehturms in Nürnberg steigen.
a) Wie viele Stufen wären das ungefähr?
b) Wie lange würdet ihr ungefähr für den Aufstieg brauchen?
c) Findet ebenso Fragen zu hohen Gebäuden und sucht nach Antworten.

5–7 Analog zu 1–4 bearbeiten. In Büchern oder im Internet Informationen zu weiteren interessanten Bauwerken suchen und damit ebenso rechnen.   5 Abkürzungen mit den Kindern besprechen.   8 Informationen aus Sachbüchern oder aus dem Internet heranziehen. Die gefundenen Zahlen durch Überschlagen und Schätzen passend vereinfachen.

109

(K, M, D)

Zeitpunkte: Uhrzeiten

Welche Uhrzeit ist eingestellt?

Stundenzeiger   Sekundenzeiger

Minutenzeiger

Es ist 10.27 Uhr.

Es könnte auch 22.27 Uhr sein.

Till   Lena

Eine Stunde hat 60 Minuten.
1 h = 60 min

Eine halbe Stunde hat 30 Minuten.
Eine Viertelstunde hat 15 Minuten.

1 Wie spät ist es? Schreibe beide Uhrzeiten auf.

a)

1 a)		1.	1	5	Uhr
	1	3.	1	5	Uhr

b)    c)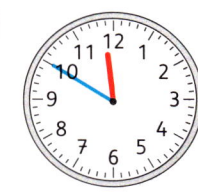

d)    e) 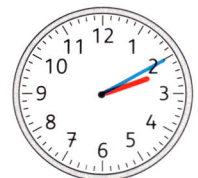   f)    g) 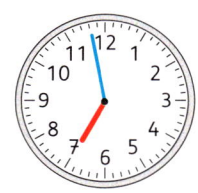   h)

2 Ein Zeiger fehlt. Wie spät kann es sein?

a)

2 a)	7.	1	5	Uhr
	8.	1	5	Uhr

b)    c)

In den Bundesländern werden die Zeiten unterschiedlich genannt.

Es ist viertel nach 7.
Es ist viertel 8.

Es ist halb 8.

Es ist viertel vor 8.
Es ist dreiviertel 8.

Besondere Uhrzeiten (verschiedene Schulstunden, Tagesablauf) an der Lernuhr einstellen, nennen und dazu erzählen. Abkürzung h vom lateinischen Wort *hora* erläutern. **1** Uhrzeiten ablesen und notieren. **2** Zeiger ggf. an der Lernuhr einstellen und Zeit ablesen. Sprechweisen vergleichen (auch z. B. auf englisch oder türkisch).

■ (K, D) → Arbeitsheft, Seite 66

3 a) Beobachtet die Uhr. Zählt eine Minute lang die Sekunden mit.

b) Schließt die Augen und öffnet sie nach 5 s, 10 s, 60 s. Kontrolliert mit einer Uhr.

c) Wie viele Sekunden haben 1, 2, 3, ... , 10 Minuten?

 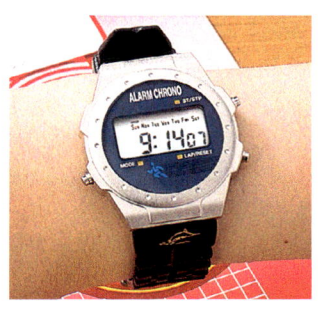

Eine Minute hat 60 Sekunden.   1 min = 60 s   s = Sekunde

4 Welche Uhrzeiten gehören zusammen?

a) 7:28 05   b) 4:09 15   c) 19:32 45   d) 6:28 14   e) 16:13 28

1)    2)    3)    4)    5)

5 Wie lange dauert es ungefähr? Ordne die passende Zeitangabe zu.

a)    b)    c)    d)

Zähneputzen   Glas eingießen   Schulpause   50-m-Lauf

2 s   12 s   3 min   20 min

6 Wie viele Stunden und Minuten sind es?

a) 85 min   b) 120 min   c) 185 min
   90 min   144 min   199 min
   102 min   170 min   220 min

6 a)   8 5 min = 1 h 2 5 min

7 Wie viele Minuten sind es?

a) 1 h 3 min   b) 2 h 5 min
   1 h 15 min   2 h 48 min
   1 h 33 min   2 h 59 min

7 a)   1 h 3 min = 6 3 min

8 Erstellt Plakate.

ungefähr eine Minute   ungefähr eine halbe Stunde   ungefähr eine Stunde

3 Die Sekunde als Unterteilung der Minute kennenlernen. Zeitspannen abschätzen.   **4** Analoge und digitale Uhrzeiten miteinander vergleichen.   **5** Zeitspannen vergleichen und zuordnen.   **6, 7** Stunden, Minuten bestimmen.   **8** Stützpunktwissen aufbauen.

(K, D) → Arbeitsheft, Seite 66

Zeit: Zeitpunkte und Zeitspannen

1 Wie spät ist es …

a) … jetzt?  … 10 min später?
… 20 min später?
… 30 min später?
… 60 min später?

b) … jetzt?  … 15 min später?
… 30 min später?
… 45 min später?
… 60 min später?

1 a) 13.45 Uhr, 13.55 Uhr,

2 Wie viele Minuten fehlen bis zur vollen Stunde?
Löse mit einer Skizze oder mit der Uhr.

a) 7.28 Uhr   b) 16.49 Uhr

c) 20.35 Uhr   d) 5.05 Uhr

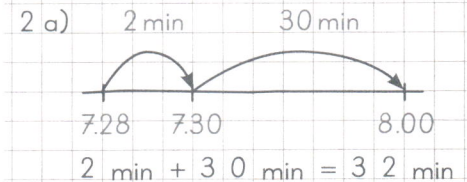 

3 Wie viele Stunden und Minuten fehlen
bis 12.00 Uhr, 18.00 Uhr, 24.00 Uhr?

a) 8.59 Uhr   b) 9.45 Uhr

c) 10.15 Uhr   d) 11.44 Uhr

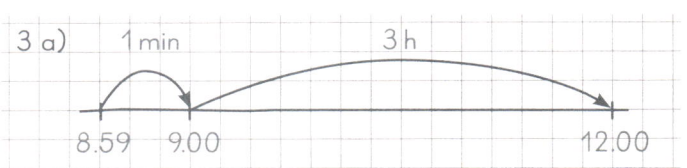

4 Die Kinder der Klasse 3a üben den Lauf über 800 m für das Deutsche Sportabzeichen.

Name	Murat	Leo	Ben	Finn
Zeit	4 min 35 s	3 min 25 s	5 min 2 s	3 min 58 s

Name	Sophie	Paula	Anna	Kim
Zeit	3 min 49 s	4 min 34 s	5 min 0 s	3 min 59 s

a) Wie viele Minuten und Sekunden war …

… Murat schneller als Ben?

… Leo schneller als Finn?

… Sophie schneller als Paula?

… Kim schneller als Anna?

b) Diese Zeiten müssen für ein Abzeichen mindestens erreicht werden:

Jungen (8–9 Jahre)			Mädchen (8–9 Jahre)		
Bronze	Silber	Gold	Bronze	Silber	Gold
5 min 25 s	4 min 40 s	3 min 55 s	5 min 35 s	4 min 50 s	4 min 10 s

Welches Abzeichen bekommen die Kinder?

4 b)   Murat: Silber

Leo:

1 Uhrzeiten ggf. an der Lernuhr einstellen und ablesen. **2, 3** Zeitspannen bis zur vollen Stunde bestimmen.
4 Sachaufgaben zu Zeitspannen.

■ (K, D) → Arbeitsheft, Seite 67

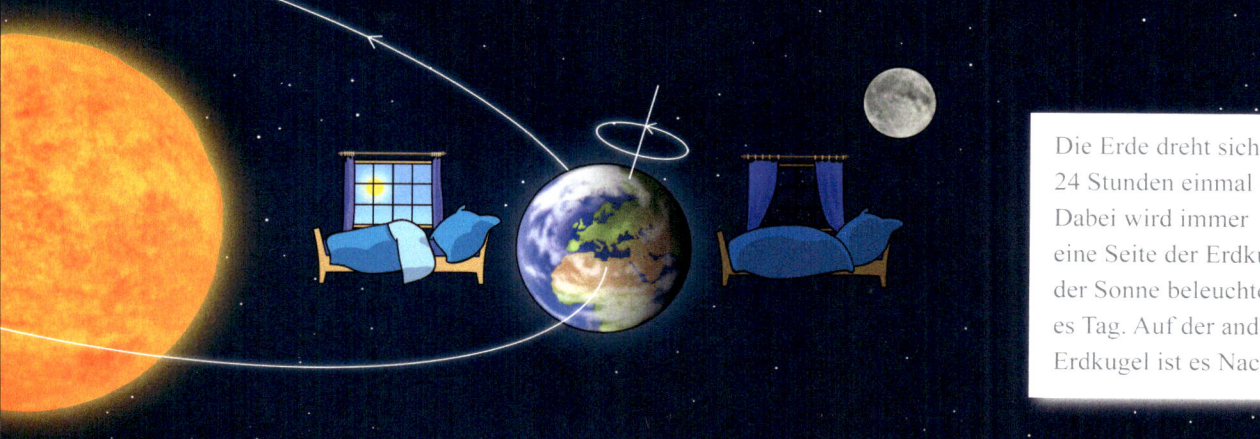

Die Erde dreht sich in 24 Stunden einmal um sich selbst. Dabei wird immer eine Seite der Erdkugel von der Sonne beleuchtet. Dort ist es Tag. Auf der anderen Seite der Erdkugel ist es Nacht.

Ein Tag hat 24 Stunden.

● 5

Datum	Sonnen-aufgang	Sonnen-untergang
21. Januar	7.56 Uhr	16.55 Uhr
21. Februar	7.12 Uhr	17.44 Uhr
21. März	6.15 Uhr	18.28 Uhr
21. April	6.13 Uhr	20.13 Uhr
21. Mai	5.28 Uhr	20.54 Uhr
21. Juni	5.14 Uhr	21.18 Uhr
21. Juli	5.37 Uhr	21.05 Uhr
21. August	6.18 Uhr	20.18 Uhr
21. September	7.00 Uhr	19.15 Uhr
21. Oktober	7.43 Uhr	18.15 Uhr
21. November	7.31 Uhr	16.31 Uhr
21. Dezember	8.02 Uhr	16.23 Uhr

Die Daten gelten für die Stadt München.

a) An welchem Datum geht die Sonne am frühesten auf? Wann am spätesten?

b) Wie lang ist es hell?
Gebt diese Zeitspannen in h und min an.
Sophie rechnet: 21. Januar

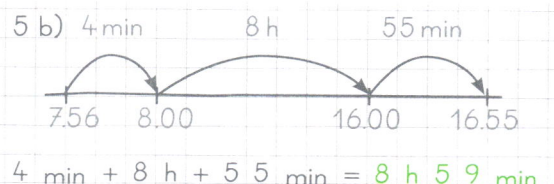

$$4 \text{ min} + 8 \text{ h} + 5 5 \text{ min} = 8 \text{ h } 5 9 \text{ min}$$

Finn rechnet: 21. Januar

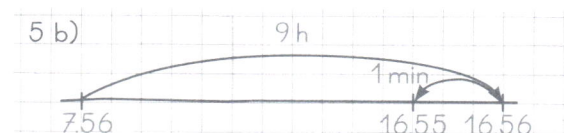

c) An welchem Tag ist es am längsten hell?

● 6 Einige Vögel beginnen im Frühling schon vor Sonnenaufgang zu singen.

Rotkehlchen	Amsel	Kohlmeise	Singdrossel	Star
80 min vorher	75 min vorher	50 min vorher	45 min vorher	15 min nachher

Um wie viel Uhr fangen die Vögel an, wenn um 6.00 Uhr die Sonne aufgeht? Berechnet jeweils den Zeitpunkt.

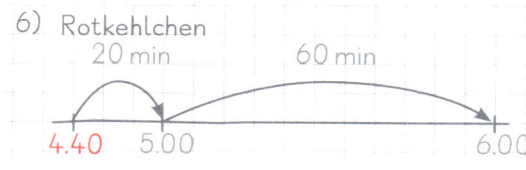

Das Rotkehlchen beginnt um 4.40 Uhr.

Entstehung von Tag und Nacht erläutern. **5, 6** Begriffe *Zeitspanne* und *Zeitpunkt* klären. Uhrzeiten aus der Tabelle ablesen. Ggf. Umstellung von Sommer- und Winterzeit klären. Mithilfe des Rechenstrichs Zeitspannen bzw. Zeitpunkte bestimmen. Über den Lernstand sprechen.

■ (K, D) → Arbeitsheft, Seite 67

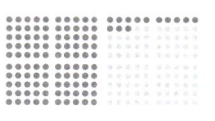

Tabellen und Skizzen

1 Geschwindigkeiten

4 km pro Stunde

15 km pro Stunde

100 km pro Stunde

160 km pro Stunde

a) Lege eine Tabelle an.

1 a)		Fußgänger	Radfahrer	Auto	ICE
	1 h	4 km			
	2 h	8 km			
	...				
	6 h				

b) Vergleiche: Wie viele Kilometer legen ein ICE und ein Auto jeweils in 5 Stunden zurück?

c) Vergleiche: Wie viele Kilometer legen ein Radfahrer und ein Fußgänger jeweils
in 5 Stunden zurück?

d) Die Entfernung zwischen Hamburg und München beträgt ungefähr 800 km.
Wie lange braucht ein ICE für die Strecke? Wie lange braucht ein Auto?

e) Wie viele Kilometer legt ein Radfahrer in 10 Stunden zurück?
Wie lange braucht ein Auto für die gleiche Entfernung?

f) Finde weitere Aufgaben.

2 Wie viele Kilometer werden in 15 Minuten zurückgelegt?

a) Frau Sommer fährt mit 120 km pro Stunde auf der Autobahn.
b) Herr Berg fährt mit 100 km pro Stunde auf der Autobahn.
c) Sophie fährt mit dem Fahrrad 12 km pro Stunde.
d) Ben läuft zu Fuß 4 km pro Stunde.

2 a)	1 h	120 km
	30 min	60 km
	15 min	

3 Murat fährt mit dem Rad 40 km in 2 Stunden.

Lilly benötigt für 50 km 2 Stunden
und eine halbe Stunde.
Wer fährt schneller?

3) Murat	
40 km	2 h
20 km	
10 km	
50 km	

1–3 Komplexere Sachaufgaben mit Entfernungen und Geschwindigkeiten lösen. Tabellen als Hilfsmittel nutzen und besprechen.

(P, K, A, M, D) → Arbeitsheft, Seite 68

4 Anton und Mila möchten sich treffen. Sie wohnen 650 m voneinander entfernt und starten gleichzeitig. Nach wie vielen Minuten treffen sie sich?

Anton läuft 70 m pro Minute.

Mila schafft 60 m pro Minute.

Wie rechnen die Kinder? Welche Tabelle oder Skizze ist hilfreich? Erklärt.

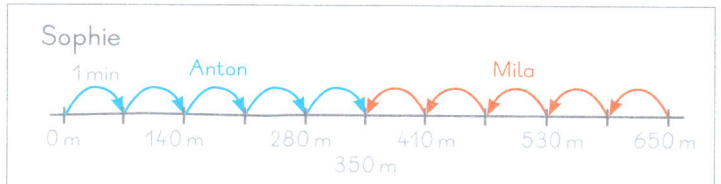

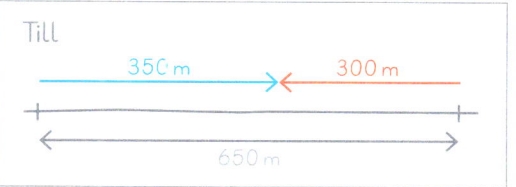

Esra

	Anton	Mila	Abstand
1 min	70 m	60 m	520 m
2 min	140 m	120 m	390 m
3 min	210 m	180 m	260 m
4 min	280 m	240 m	130 m
5 min	350 m	300 m	0 m

Metin

	Anton	Mila	zusammen
1 min	70 m	60 m	130 m
2 min	140 m	120 m	260 m
3 min	210 m	180 m	400 m
4 min	280 m	240 m	520 m
5 min	350 m	300 m	650 m

5 Rechnet mit einer Tabelle oder Skizze.

a) Paula und Leo möchten sich treffen. Sie wohnen 1 km 400 m voneinander entfernt und starten gleichzeitig. Nach wie vielen Minuten treffen sie sich?

Paula fährt mit dem Roller 150 m pro Minute.

Leo fährt mit dem Fahrrad 200 m pro Minute.

b) Familie König und Familie Otte möchten sich treffen. Sie wohnen 30 km voneinander entfernt. Sie starten gleichzeitig. Nach wie vielen Stunden und Minuten treffen sie sich?

Familie König fährt mit dem Fahrrad 8 km in 30 Minuten.

Familie Otte läuft zu Fuß 2 km in 30 Minuten.

6 Sophie, Esra und Eric verabreden sich um 15.30 Uhr an der Eisdiele.

	Sophie	Esra	Eric
Entfernung zur Eisdiele	1 km	900 m	300 m
Geschwindigkeit	250 m in der Minute	150 m in der Minute	50 m in der Minute

a) Wann muss jeder von zu Hause starten?

b) Nach dem Treffen geht Eric mit zu Esra. Wie viele Minuten braucht er für den Weg?

4–6 Komplexere Sachaufgaben mit Entfernungen und Geschwindigkeiten lösen. Skizzen und Tabellen als Hilfs-mittel nutzen und besprechen. Über den Lernstand sprechen.
Weiterführung und Vertiefung: Thema Umweltverhalten.

115

■ (P, K, A, M, D) → Arbeitsheft, Seite 68

Seitenansichten von Würfelgebäuden

Ich sehe vier Würfeltürme nebeneinander. Links steht ein Zweierturm.

Ich sehe zwei Würfeltürme nebeneinander. Rechts steht ein Dreierturm.

1 Stellt die Würfel nach dem Bauplan auf.

Aus welcher Himmelsrichtung wurden die Seitenansichten gezeichnet? Erklärt.

Norden

4	1
2	1
1	3

Westen   **O**sten

Süden

1 a) Westen: Von Westen aus ist der Viererturm links und der Dreierturm ist rechts zu sehen.

a)

b)

c)

d)

2 Baut Gebäude aus 10, 11 oder 12 Würfeln auf dem Plan.

Zeichnet den Bauplan und die Seitenansichten.

a)

    N

W   O

    S

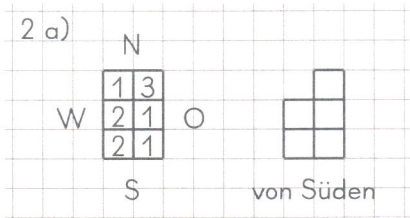

2 a)

    N

1	3
2	1
2	1

W   O

    S   von Süden

b)

    N

W   O

    S

c)

    N

W   O

    S

1 Gebäude nach dem Bauplan nachbauen. Seitenansichten zuordnen. Vorab Himmelsrichtungen klären. Strategien besprechen: Wo steht der höchste Turm? Wie breit muss die Seitenansicht sein?

(K, D)   → Arbeitsheft, Seite 69

3 Stellt die Würfel nach dem Bauplan auf. Überprüft die Seitenansichten. Welche Seitenansicht gehört nicht zum Bauplan? Erklärt und zeichnet die richtigen Ansichten von allen Seiten.

a)

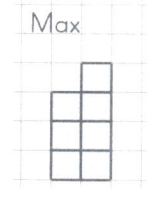

Max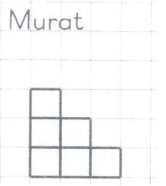

Anna

Murat

Eric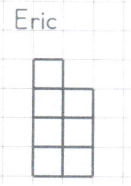

b)

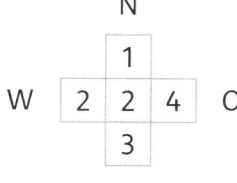

Till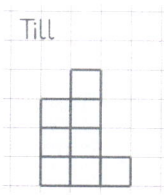

Eva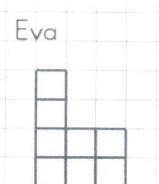

Leo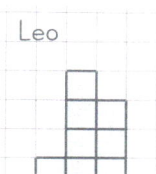

Ben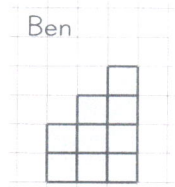

 4 Stellt die Würfel nach den Seitenansichten auf. Zeichnet den Bauplan.

a)

von Süden

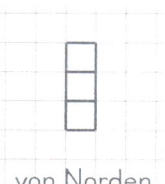
von Norden

von Westen   von Osten

b)

von Süden

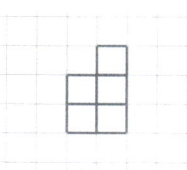
von Norden

von Westen

von Osten

 5 Mehrere Gebäude passen zu diesen zwei Seitenansichten. Findet möglichst viele. Zeichnet die Baupläne.

a)

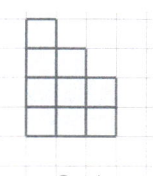
von Süden

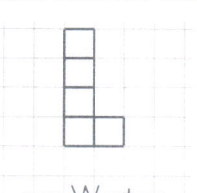
von Westen

b)

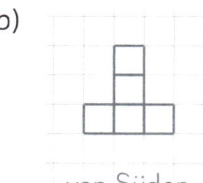
von Süden   von Westen

c)

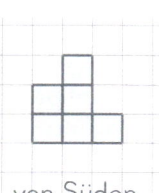
von Süden

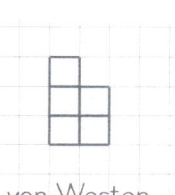
von Westen

d)

von Süden

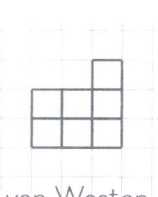
von Westen

3 Gebäude nach Bauplan nachbauen. Dann alle vier Seitenansichten prüfen, richtige Ansicht zeichnen.
4 Gebäude nachbauen. Klären, warum es in b) mehrere, aber in a) nur eine Lösung gibt. **5** Gebäude finden, die diese zwei Seitenansichten haben. Wie viele Würfel braucht man höchstens/mindestens?

■ (P, K, D) → Arbeitsheft, Seite 69

117

Körper und Flächen

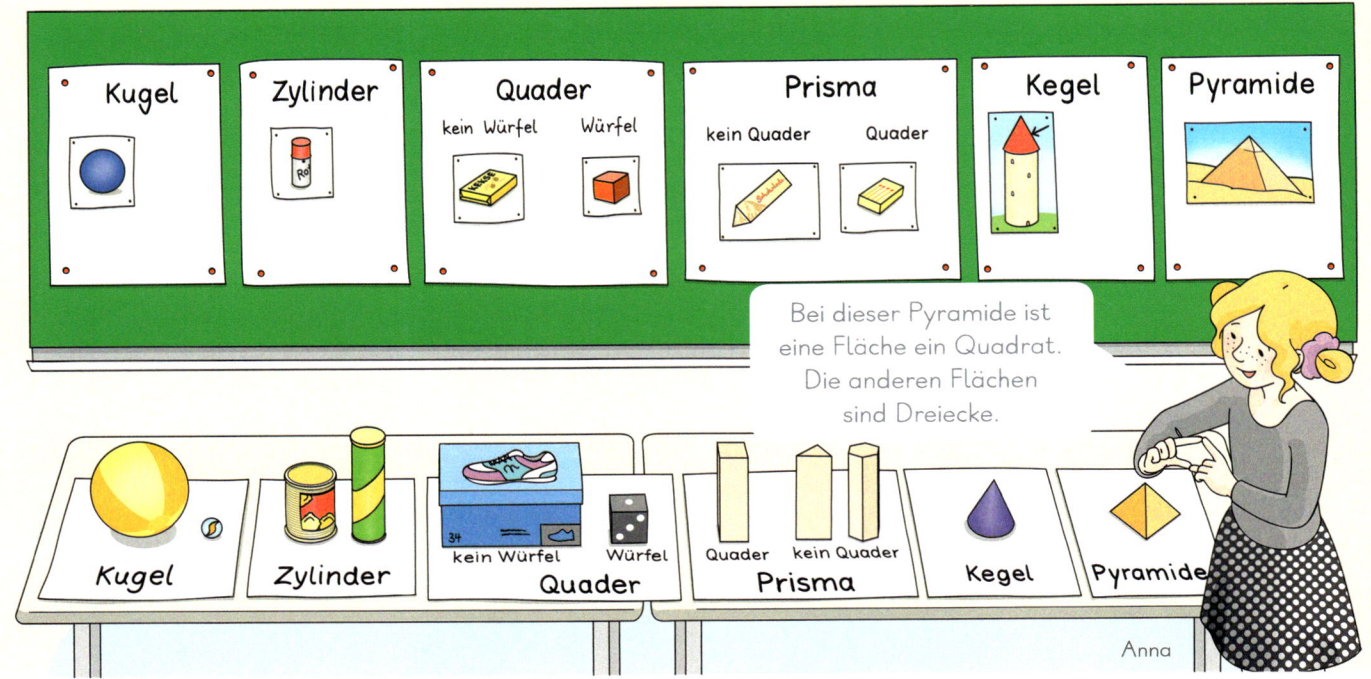

1 Findet Gegenstände zu den Körpern.

Flächen: Rechteck ▮   Quadrat ▮   Kreis ●   Dreieck ▲

2 Welche Körper sind es? Welche Flächen erkennst du?

2 a) Würfel
      6 Quadrate

a)

b)

c)

d)

e)

f)

g)

h)

i)

1 Pyramide, Kegel, evtl. auch Zylinder, Kugel, Quader und Würfel im Klassenzimmer oder in Zeitungen sammeln. Plakate entsprechend der Einstiegsillustration erstellen.   2 Form der Alltagsgegenstände benennen, dabei Eigenschaften der Körper zur Erklärung heranziehen (Flächen, Ecken).

■ (D)   → Arbeitsheft, Seite 70

3 Baut Körper.

  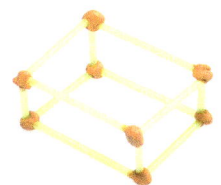  

 4 Trennt Würfel, Quader, Zylinder und Pyramiden auf. Welche Flächen entstehen?

 5 Unvollständige Netze: Welche Fläche fehlt? Zeichnet mit dem Lineal.
Findet verschiedene Lösungen.

a)

b)

c)

d)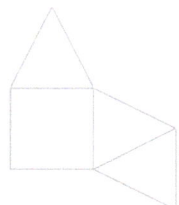

e)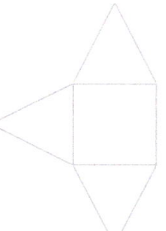

f)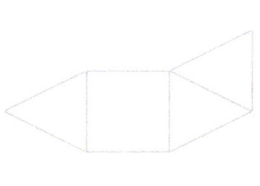

 6 Welcher Körper ist es?

a)
Lilly

Der Körper hat 6 Flächen.
Alle Flächen sind Rechtecke.

b)
Max

Eine Fläche des Körpers ist ein
Quadrat. Die anderen sind Dreiecke.

c)
Eva

Eine Fläche ist
ein Kreis.

d) Findet weitere Rätsel zu Körpern.

3 Körper nachbauen. **4** Körper, z. B. Verpackungen mitbringen. Auftrennen lassen, Anzahl und Form der Flächen bestimmen. Ergebnisse sammeln. **5** Angefangene Netze vervollständigen und zeichnen. Strategien gemeinsam besprechen. **6** Rätsel lösen und eigene schreiben. Über den Lernstand sprechen.

(P, K, D) → Arbeitsheft, Seite 70

Aufgaben vergleichen

4 · 23 ist sicher größer
als 80, denn 4 · 20
ist ja schon gleich 80.

·	20	3
4	80	12

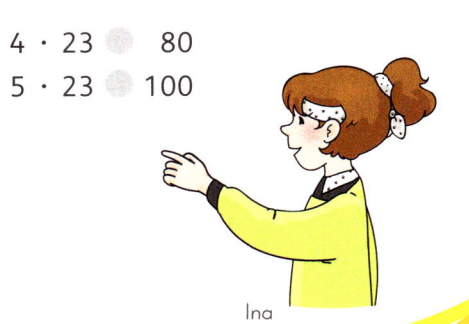

Dann ist 5 · 23
auch größer als 100.

4 · 23 ● 80
5 · 23 ● 100

Finn

Ina

1 Vergleiche. < oder > oder = ?

a) 4 · 23 ● 80
   5 · 23 ● 100

b) 8 · 40 ● 320
   8 · 41 ● 330

c) 120 ● 6 · 19
   100 ● 5 · 19

d) 405 ● 10 · 45
   450 ● 10 · 45

2 Welche Zahlen passen? Probiere.

| 0 | 1 | 2 | 3 | 4 | 5 | 6 | 7 | 8 | 9 |

a) ▦ · 40 < 250
   ▦ · 80 < 500

2 a) ▦ · 4 0 < 2 5 0
   0, 1, 2, 3, 4, 5, 6

b) ▦ · 30 > 150
   ▦ · 60 > 300

c) ▦ · 50 < 250
   ▦ · 100 < 500

3 Findet passende Malaufgaben. Das Ergebnis ist …

a) … gleich 240.

3 a) 4 · 6 0 = 2 4 0
   3 · 8 0 = 2 4 0

b) … zwischen 300 und 500.

c) … kleiner als 120.

d) … größer als 640.

4 Zahlenrätsel: Wie heißt die Zahl?

a) Wenn ich meine Zahl mit 10 multipliziere, ist das Ergebnis kleiner als 75 und größer als 65.

b) Wenn ich meine Zahl mit 30 multipliziere, ist das Ergebnis größer als 130 und kleiner als 160.

c) Wenn ich meine Zahl mit 40 multipliziere, ist das Ergebnis gleich dem Ergebnis von 4 mal 80.

Mila: 4 a) · 10 ⟶ 6 6, 6 7, 6 8, 6 9
   7 0
   7 1, 7 2, 7 3, 7 4

Ben: 4 a) 1 0, 2 0, 3 0, 4 0, 5 0, 6 0, ⑦ 0, 8 0

d) Findet weitere Zahlenrätsel.

1 Aufgaben vergleichen und in Beziehung zueinander bringen.   **2** Passende Zahlen finden, untereinander stehende Aufgaben vergleichen.   **3, 4** Rätsel gegenseitig stellen und lösen. Lösungsweg ggf. darstellen.

■ (P, K)   → Arbeitsheft, Seite 71

Gleichungen und Ungleichungen

5 Vergleicht. < oder > oder =?

a) 120 : 4 ⬤ 40
   120 : 4 ⬤ 30
   120 : 4 ⬤ 20

b) 70 : 7 ⬤ 12
   77 : 7 ⬤ 12
   84 : 7 ⬤ 12

c) 60 ⬤ 300 : 6
   60 ⬤ 360 : 6
   60 ⬤ 420 : 6

d) 50 ⬤ 400 : 80
   50 ⬤ 400 : 8
   5 ⬤ 40 : 8

12 : 4 = 3, dann ist 120 : 4 = 30.

4 mal 40 sind 160. Also ist 120 : 4 kleiner als 40.

5 a) 120 : 4 ⬤ 40
     120 : 4 = 30
     120 : 4 ⬤ 20

Eric

Anna

6 Ordnet die Aufgaben zu.

300 : 5	240 : 4	240 : 40	540 : 90	560 : 8	240 : 80

30 : 6	300 : 3	18 : 3	180 : 3	480 : 80	240 : 3

Das Ergebnis ist …

a) … kleiner als 6.   b) … gleich 6.   c) … gleich 60.   d) … größer als 60.

6 a) 30 : 6 < 6

e) Findet weitere Aufgaben, die zu den Ergebnissen passen.

7 Welche Rechenzeichen passen? Setzt +, −, · oder : ein.

a) 12 ⬤ 6 = 18
   12 ⬤ 6 = 2
   12 ⬤ 6 = 72
   12 ⬤ 6 = 6

7 a) 12 + 6 = 18
      12 : 6 = 2
      12 · 6 = 72
      12 − 6 = 6

b) 80 ⬤ 8 = 10
   80 ⬤ 8 = 640
   80 ⬤ 8 = 88
   80 ⬤ 8 = 72

c) 120 ⬤ 4 = 124
   120 ⬤ 4 = 30
   120 ⬤ 4 = 480
   120 ⬤ 4 = 116

d) 200 ⬤ 5 = 1000
   200 ⬤ 5 = 195
   200 ⬤ 5 = 40
   200 ⬤ 5 = 205

e) 140 ⬤ 7 = 20
   140 ⬤ 7 = 133
   140 ⬤ 7 = 980
   140 ⬤ 7 = 147

f) Findet weitere Aufgaben.

8 Vergleicht die Aufgaben und erklärt. < oder > oder =?

a) 6 · 16 ⬤ 3 · 36
   6 · 17 ⬤ 3 · 36

b) 36 · 4 ⬤ 18 · 6
   36 · 6 ⬤ 18 · 8

c) 250 : 10 ⬤ 50 : 2
   240 : 10 ⬤ 120 : 2

d) 200 : 4 ⬤ 800 : 8
   400 : 4 ⬤ 800 : 8

6 · 16 = 3 · 32, also ist 6 · 16 < 3 · 36.

6 · 16 ⬤ 3 · 36

Murat

5–8 Aufgaben mit Ergebnissen und mit anderen Aufgaben vergleichen. Beziehungen zwischen den Aufgaben beschreiben und nutzen.

121

(P, K, A, D) → Arbeitsheft, Seite 71

Multiplizieren und Dividieren

1 Vergleicht die Rechenketten.

a) Immer mal 6

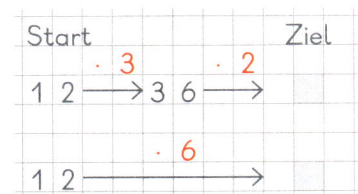      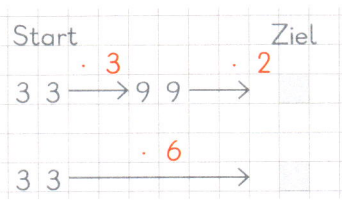

b) Immer mal 4

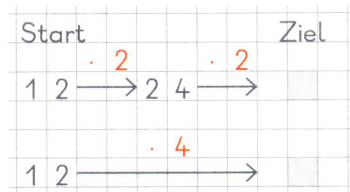   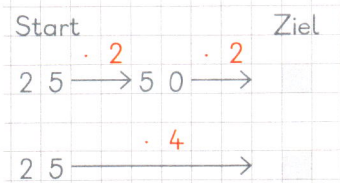   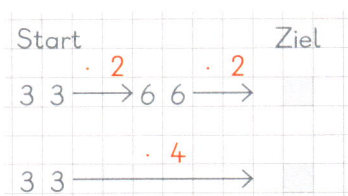

c) Immer mal 5

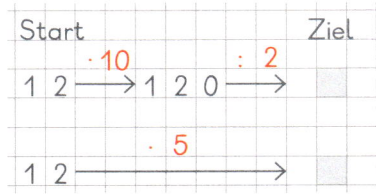   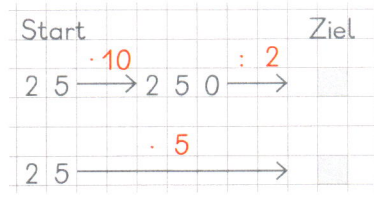   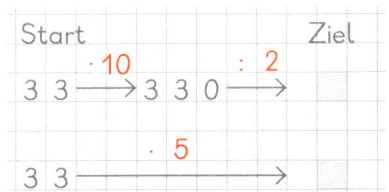

d) Wähle weitere Startzahlen.

Immer mal 6   Immer mal 4   Immer mal 5

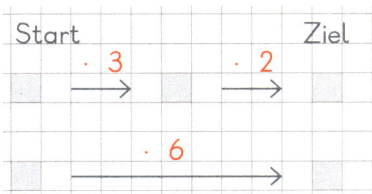   Immer mal 4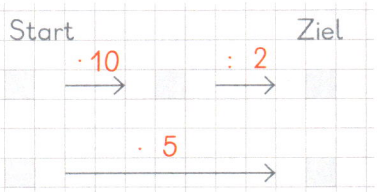

1 Zerlegungen der Multiplikation. Vertiefung der Beziehungen zwischen Multiplikationsaufgaben beim Einmaleins und Zehnereinmaleins.

■ (K, A) → Arbeitsheft, Seite 72

2 Dividiert geschickt mit Rechenketten. Startzahl: 120

a) Immer durch 6

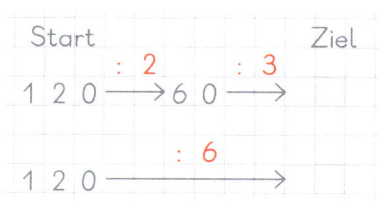

Start ⟶ Ziel

$120 \xrightarrow{:2} 60 \xrightarrow{:3}$

$120 \xrightarrow{:6}$

b) Immer durch 4

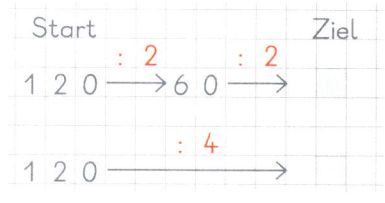

Start ⟶ Ziel

$120 \xrightarrow{:2} 60 \xrightarrow{:2}$

$120 \xrightarrow{:4}$

c) Immer durch 5

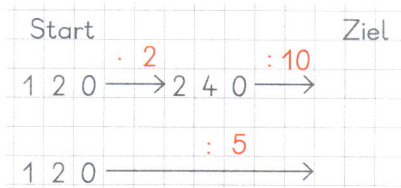

Start ⟶ Ziel

$120 \xrightarrow{\cdot 2} 240 \xrightarrow{:10}$

$120 \xrightarrow{:5}$

d) Rechnet ebenso mit den Startzahlen 180 240 420 .

3 Welche langen Rechenketten treffen die Zielzahl? Begründet.

a) $25 \xrightarrow{\cdot 12} 300$

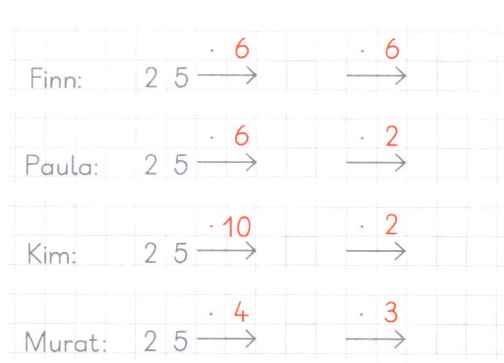

Finn: $25 \xrightarrow{\cdot 6} \xrightarrow{\cdot 6}$

Paula: $25 \xrightarrow{\cdot 6} \xrightarrow{\cdot 2}$

Kim: $25 \xrightarrow{\cdot 10} \xrightarrow{\cdot 2}$

Murat: $25 \xrightarrow{\cdot 4} \xrightarrow{\cdot 3}$

b) $55 \xrightarrow{\cdot 16} 880$

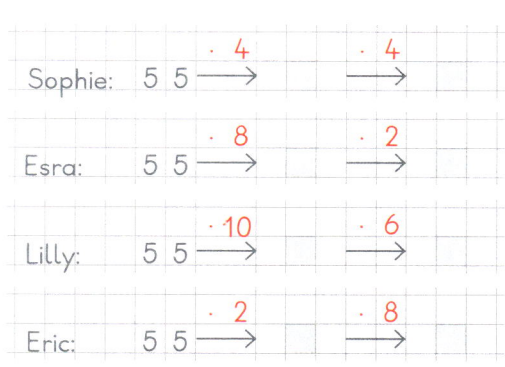

Sophie: $55 \xrightarrow{\cdot 4} \xrightarrow{\cdot 4}$

Esra: $55 \xrightarrow{\cdot 8} \xrightarrow{\cdot 2}$

Lilly: $55 \xrightarrow{\cdot 10} \xrightarrow{\cdot 6}$

Eric: $55 \xrightarrow{\cdot 2} \xrightarrow{\cdot 8}$

4 Immer das gleiche Ergebnis: Begründet.

a) $9 \cdot 5$
$90 : 2$

Mal 10 und dann geteilt durch 2 ist das Gleiche wie mal 5.

b) $8 \cdot 5$
$80 : 2$

c) $40 \cdot 5$
$20 \cdot 10$

d) $50 \cdot 5$
$25 \cdot 10$

e) $300 : 10$
$150 : 5$

Leo

5 Zahlenrätsel: Wie heißt die Zahl? Wie geht ihr vor? Erklärt.

a) Wenn ich meine Zahl erst mit 3 multipliziere und das Ergebnis mit 2 multipliziere, erhalte ich 66.

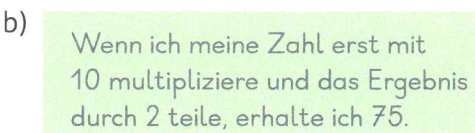

Eva: 5 a) $\xrightarrow{\cdot 3} \xrightarrow{\cdot 2}$ 66

Pia: 5 a) $66 : 2 = 33$ und $33 : 3 =$

b) Wenn ich meine Zahl erst mit 10 multipliziere und das Ergebnis durch 2 teile, erhalte ich 75.

c) Wenn ich meine Zahl erst mit 2 multipliziere und das Ergebnis durch 10 dividiere, erhalte ich 25.

d) Findet eigene Rätsel.

2 Zerlegungen der Division und Beziehungen zum Rechnen nutzen.   3 Vergleich von Rechenketten. Typische Fehler der multiplikativen Zerlegung bewusst erkennen.   4 Vertiefung der Beziehung zwischen x · 5 und (x · 10) : 2.
5 Rätsel auf unterschiedliche Weisen (z. B. mithilfe von Rechenketten) lösen und erfinden.

123

(P, K, A) → Arbeitsheft, Seite 72

Rechenwege bei der Division

1 In einem Kasten Apfelsaft sind immer 6 Flaschen.
Tom benötigt 216 Flaschen Apfelsaft. Wie viele Kästen hat er gekauft?
Wie haben die Kinder gerechnet? Erklärt.

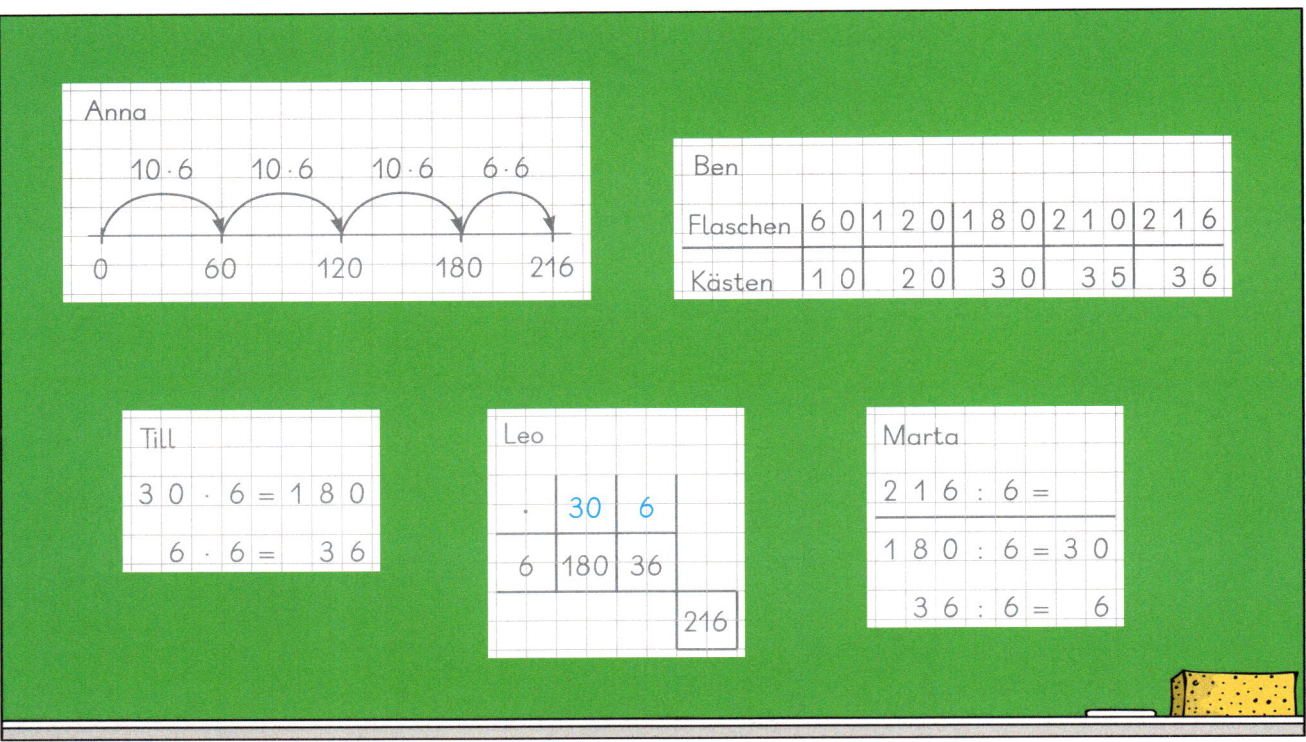

Wie rechnet ihr? Wie viele Kästen sind …
a) … 222 Flaschen?　　b) … 186 Flaschen?　　c) … 246 Flaschen?　　d) … 312 Flaschen?

2 Rechne geschickt. Beschreibe und begründe deinen Rechenweg.
a) 123 : 3　　b) 217 : 7　　c) 255 : 5　　d) 312 : 6　　e) 216 : 4　　f) 189 : 9

3 Rechne geschickt. Beginne immer mit einer einfachen Aufgabe. Kreuze diese an.
a) 　60 : 6　　b) 　40 : 4　　c) 　80 : 8　　d) 　50 : 5　　e) 　70 : 7　　f) 　45 : 9
　　 72 : 6　　　　120 : 4　　　　200 : 8　　　　225 : 5　　　　112 : 7　　　　450 : 9
　　108 : 6　　　　184 : 4　　　　264 : 8　　　　455 : 5　　　　203 : 7　　　　864 : 9

4 Rechne und vergleiche.
a) 　75 : 5　　b) 　51 : 3　　c) 　44 : 4　　d) 　66 : 6　　e) 　48 : 8　　f) 　99 : 9
　　125 : 5　　　　 81 : 3　　　　444 : 4　　　　366 : 6　　　　248 : 8　　　　297 : 9

5 Rechne und vergleiche.
a) 120 : 　3　　b) 210 : 　7　　c) 160 : 　8　　d) 540 : 　6　　e) Finde weitere
　　120 : 30　　　210 : 70　　　160 : 80　　　540 : 60　　　Aufgabenpaare.

1 Sachaufgabe rechnen und vorstellen, anschließend mit gegebenen Lösungen vergleichen (z. B. Mathekonferenz).
2 Rechenwege selbst finden.　**3, 4** Große Divisionsaufgaben mithilfe kleiner Divisionsaufgaben lösen. Zerlegungen des Dividenden für einfache Divisionsaufgaben nutzen.　**5** Zehneranalogien bewusst machen und nutzen.

■ (K, M, D)　→ Arbeitsheft, Seite 73

6 Geteiltaufgaben mit Rest:
Vergleiche und erkläre mit dem
Rechenstrich.

a) 32 : 6   b) 43 : 5
    92 : 6   143 : 5

c) 11 : 3   d) 25 : 4
    101 : 3   225 : 4

e) 59 : 6   f) 100 : 8
    179 : 6   500 : 8

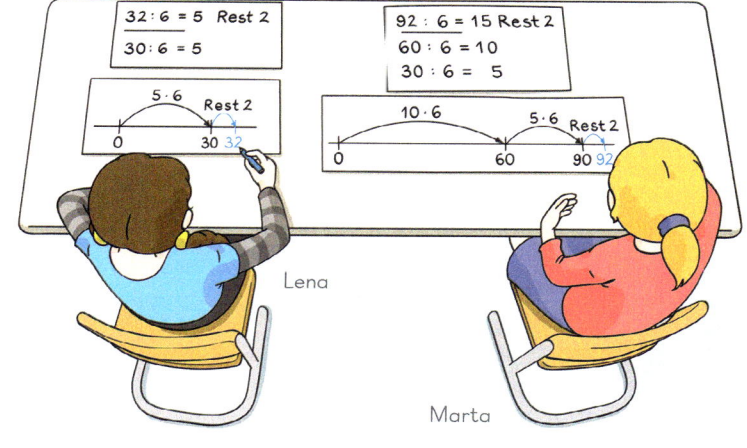

Lena

Marta

7 Geteiltaufgaben mit und ohne Rest: Setze fort.

a)	b)	c)	d)	e)
150 : 3	150 : 4	150 : 7	150 : 8	150 : 9
250 : 3	250 : 4	250 : 7	250 : 8	250 : 9
350 : 3	350 : 4	350 : 7	350 : 8	350 : 9
450 : 3	450 : 4	450 : 7	450 : 8	450 : 9

8 Rechne und vergleiche.

a)	b)	c)	d)	e)	f)
64 : 7	60 : 7	36 : 7	36 : 8	18 : 4	18 : 5
640 : 70	600 : 70	360 : 70	360 : 80	180 : 40	180 : 50

9 Findet Geteiltaufgaben mit …

a) … Rest 1 und Rest 10.

b) … Rest 5 und Rest 50.

c) … Rest 3 und Rest 30.

d) … Rest ▓ und Rest ▓ .

9 a)   Rest 1   Rest 10

    26 : 5 = 5 R 1   260 : 50 = 5 R 10

    31 : 5 = 6 R 1

10 Was passiert mit dem Rest?

a) 8 Kinder kaufen gemeinsam ein
Geburtstagsgeschenk für 36 Euro. ?

b) Zur Theateraufführung kommen 60 Eltern.
Immer 9 Eltern passen in eine Reihe. ?

c) 224 Kinder einer Schule fahren ins Theater.
In jeden Bus passen 60 Kinder. ?

d) 130 Kinder fahren in die Jugendherberge.
Immer 8 Kinder schlafen in einem Zimmer. ?

6 Division mit Rest wiederholen und auf größere Zahlen übertragen. 7 Division mit Rest sichern. 8 Zehneranalogien bei der Division mit Rest erkunden. 9 Eigene Aufgaben zur Division mit Rest erfinden (hohes Diagno-
sepotenzial). 10 Sachaufgaben lösen. Auftretende Reste sachgerecht interpretieren.

125

■ (K, A, M, D) → Arbeitsheft, Seite 73

Addieren und Subtrahieren

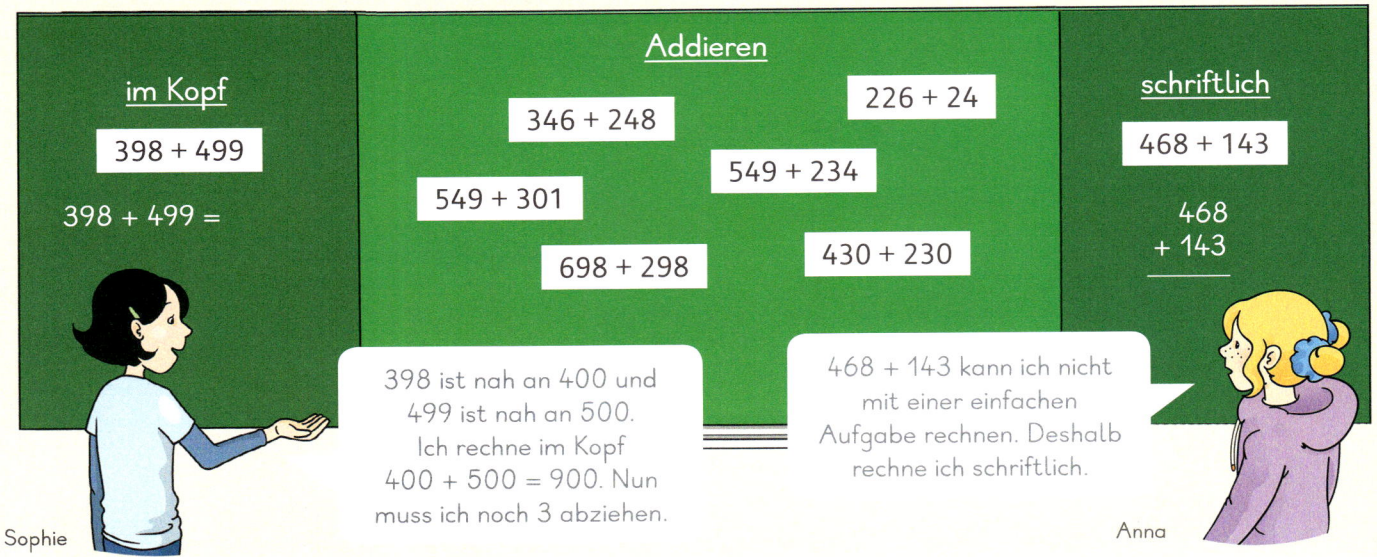

im Kopf

398 + 499

398 + 499 =

Addieren

346 + 248

549 + 301

698 + 298

226 + 24

549 + 234

430 + 230

schriftlich

468 + 143

```
  468
+ 143
_____
```

398 ist nah an 400 und 499 ist nah an 500. Ich rechne im Kopf 400 + 500 = 900. Nun muss ich noch 3 abziehen.

Sophie

468 + 143 kann ich nicht mit einer einfachen Aufgabe rechnen. Deshalb rechne ich schriftlich.

Anna

1 Welche Aufgabe addiert ihr schriftlich, welche im Kopf? Begründet.

a)

199 + 299	405 + 305	200 + 800	234 + 465	589 + 195	12 + 47
468 + 142	6 + 59	409 + 299	198 + 723	430 + 270	172 + 710

Ich rechne im Kopf, wenn die Zahlen klein sind.

Lena

Wenn mir eine einfache Aufgabe hilft, dann rechne ich im Kopf.

Mila

Mit dreistelligen Zahlen rechne ich lieber schriftlich.

Leo

Metin

Wenn beide Zahlen null Einer haben, dann rechne ich im Kopf.

Ich rechne schriftlich, wenn mir keine Hilfsaufgabe einfällt.

Finn

b) Findet Additionsaufgaben, die zu den Beschreibungen der Kinder passen.

Lena:	Mila:	Leo:	Metin:
2 3 + 6	2 0 1 + 5 3	2 4 1 + 3 4 5	3 0 0 + 2 3 0
4 + 3 3			

1 Kriterien besprechen, die für ein schriftliches Addieren oder ein eher halbschriftliches Addieren im Kopf sprechen – anhand von Aufgabenbeispielen unterschiedliche Begründungen herausarbeiten und Aufgaben zu Beschreibungen finden.

■ (K, A) → Arbeitsheft, Seite 74

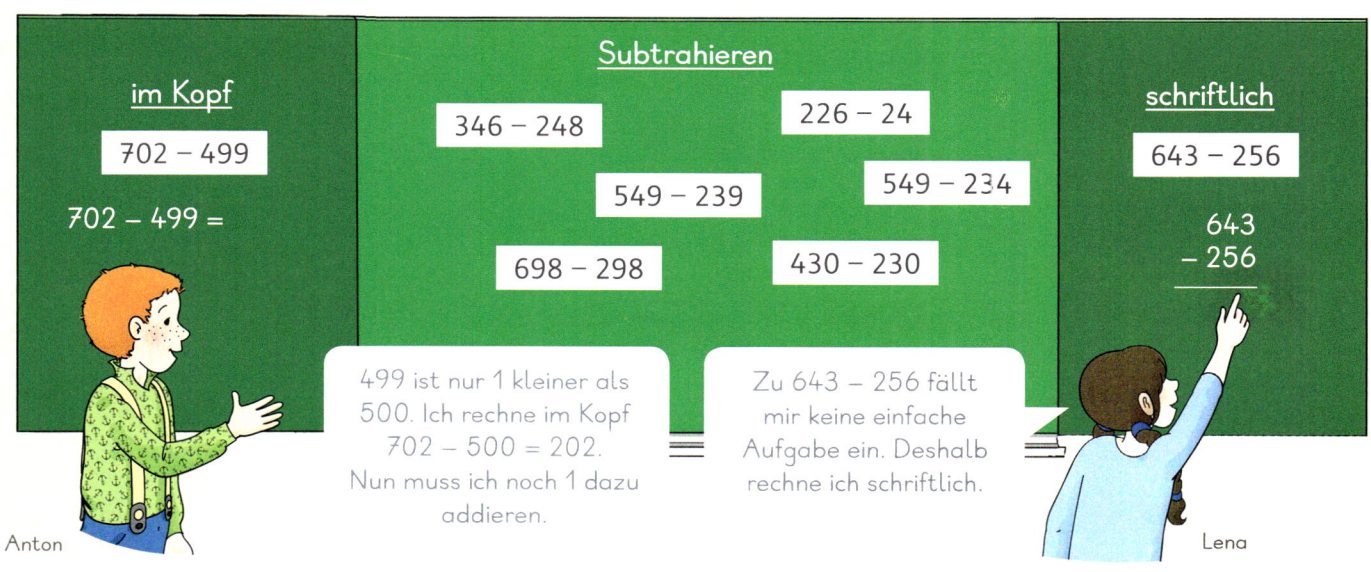

im Kopf

702 – 499

702 – 499 =

Subtrahieren

346 – 248

549 – 239

698 – 298

226 – 24

549 – 234

430 – 230

schriftlich

643 – 256

643
– 256

499 ist nur 1 kleiner als 500. Ich rechne im Kopf 702 – 500 = 202. Nun muss ich noch 1 dazu addieren.

Zu 643 – 256 fällt mir keine einfache Aufgabe ein. Deshalb rechne ich schriftlich.

Anton

Lena

● **2** Welche Aufgabe subtrahiert ihr schriftlich, welche im Kopf? Begründet.

401 – 199	65 – 32	573 – 238	500 – 302	521 – 367	630 – 120
620 – 350	480 – 463	632 – 129	498 – 99	400 – 142	125 – 75

● **3** Rechnet im Kopf. Nutzt einfache Aufgaben.

220	996	49	321	341	449	450	512	224	88
222	998	50	331	80	90	70	51	1000	500

a) Findet Plusaufgaben.

   Die Summe soll kleiner als 900 sein.

b) Findet Minusaufgaben.

   Die Differenz soll kleiner als 300 sein.

3a) < 900
220 + 50 = 270
220 + 51 =

Lilly

Ich beginne mit einer einfachen Aufgabe und rechne damit weiter.

✿ **4** Welche Aufgabe kann es sein? Begründet.

a)
Ich addiere schriftlich.
Die erste Zahl ist 247.
Es kommt ein Übertrag vor.
Die Summe ist kleiner als 700.

b)
Ich subtrahiere im Kopf.
Die erste Zahl ist nah an 500.
Die Differenz ist 300.

c)
Ich verdopple im Kopf.
Eine der Zahlen ist 480.

d) Findet weitere Aufgabenrätsel.

2 Entscheidungskriterien besprechen.   3 Plus- und Minusaufgaben finden. Zahlenwerte geschickt auswählen und für das Kopfrechnen nutzen.   4 Verschiedene Lösungen im Klassengespräch (Mathekonferenz) sammeln und Lösungsweg begründen lassen.

✿ (P, K, A)   → Arbeitsheft, Seite 74

127

Ich kann Multiplikations- und Divisionsaufgaben vergleichen und geschickt ausrechnen.
Ich kann erklären, welche Additions- und Subtraktionsaufgaben ich im Kopf oder schriftlich rechne.
Ich kann Divisionsaufgaben mit Rest rechnen.

1 Welche Zahlen passen? Schreibe auf. | 0 | 1 | 2 | 3 | 4 | 5 | 6 | 7 | 8 | 9 |

a) ▨ · 30 < 150   b) ▨ · 50 > 300   c) ▨ · 80 > 500   d) ▨ · 20 > 160

    ▨ · 50 < 300   ▨ · 100 > 600   ▨ · 80 < 500   ▨ · 40 > 160

2 Vergleiche. < oder > oder =?

a) $3 \cdot 23 \bigcirc 60$ b) $12 \cdot 4 \bigcirc 6 \cdot 8$ c) $150 : 3 \bigcirc 30$ d) $300 : 3 \bigcirc 900 : 9$

   $5 \cdot 23 \bigcirc 100$ $13 \cdot 4 \bigcirc 7 \cdot 8$ $150 : 3 \bigcirc 40$ $600 : 3 \bigcirc 900 : 9$

   $6 \cdot 23 \bigcirc 120$ $14 \cdot 4 \bigcirc 7 \cdot 8$ $150 : 3 \bigcirc 50$ $900 : 3 \bigcirc 900 : 9$

3 Rechne im Kopf oder rechne schriftlich.

299 + 399	209 + 499	702 − 699
489 + 195	678 − 502	857 − 586
378 + 122	470 + 530	944 − 444

im Kopf	schriftlich
$299 + 399 =$	4 8 9 + 1 9 5

4 Rechenketten: Vergleiche. Rechne mit den Startzahlen: | 10 | 24 | 30 | 36 | ▨ |

a)

b)

c)

d)

5 Rechne Divisionsaufgaben mit und ohne Rest.

a) $70 : 6$ $700 : 60$ b) $25 : 5$ $250 : 50$ c) $16 : 4$ $160 : 40$

   $66 : 6$ $660 : 60$ $25 : 6$ $250 : 60$ $16 : 5$ $160 : 50$

   $62 : 6$ $620 : 60$ $25 : 7$ $250 : 70$ $16 : 6$ $160 : 60$

   $58 : 6$ $580 : 60$ $25 : 8$ $250 : 80$ $16 : 7$ $160 : 70$

Wesentliche Kapitel noch einmal reflektieren. Über den Lernstand sprechen.

▨ → Arbeitsheft, Seite 75

Forschen und Finden: Zahlenmauern

In den Grundsteinen stehen Zahlen mit aufeinanderfolgenden Ziffern.

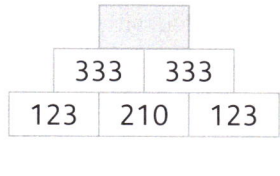

	333	333
123	210	123

Ergeben die mittleren Steine immer Paschzahlen?

Noah

Ben

1 Vergleicht die Zahlenmauern. Was fällt euch auf?

a)

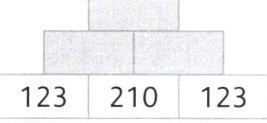

123	210	123

210	123	210

b)

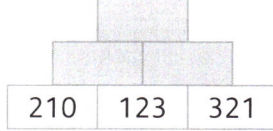

123	210	321

210	123	321

2 Immer der gleiche Grundstein:

a) Vergleicht die Grundsteine mit dem Deckstein.

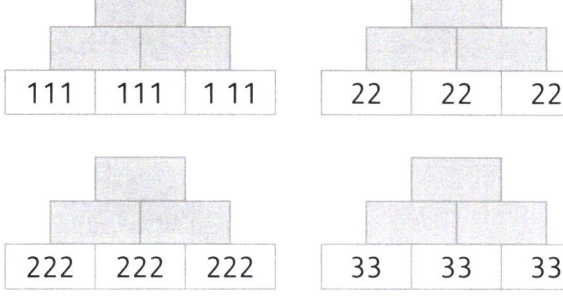

111	111	1 11

22	22	22

222	222	222

33	33	33

	444	
222	222	
111	111	111

	222 + 222	
222	222	
111	111	111

Der Deckstein ist ein Vielfaches von 111.

Ina

Ergeben alle Steine immer Paschzahlen?

b) Findet Zahlenmauern mit gleichen Grundsteinen. Der Deckstein ist 400 (160, 1000, 888, ...).

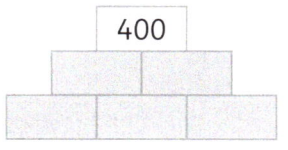

	400	

Die Ergebnisse aus der Malreihe einer Zahl sind **Vielfache** der Zahl.

3 Viele Zahlenmauern zu einem Deckstein:

a) Rechnet die Zahlenmauern. Was fällt euch auf?

79	80	81

85	80	75

70	80	90

90	70	90

b) Findet verschiedene Zahlenmauern zum Deckstein 120 (200, 240, 800).

1 Zusammenhänge zwischen den mittleren Steinen und den Grundsteinen beschreiben.   **2** Decksteine einer Zahlenmauer mit denselben Grundsteinen untersuchen, den Begriff „Vielfache" beschreiben.   **3** Zahlenmauern mit gleichen Decksteinen begründet durch operative Veränderung der Grundsteine finden.

(P, K, A, D)   → Arbeitsheft, Seite 76

Tabellen und Diagramme

Klasse	Kinder	Jungen	Mädchen
1a	26	12	14
1b	25	16	9
1c	27	11	16
2a	24	14	10
2b	24	10	14
2c	24	12	12
3a	21	10	11
3b	28	17	11
4a	28	12	16
4b	26	13	13
4c	21	11	10

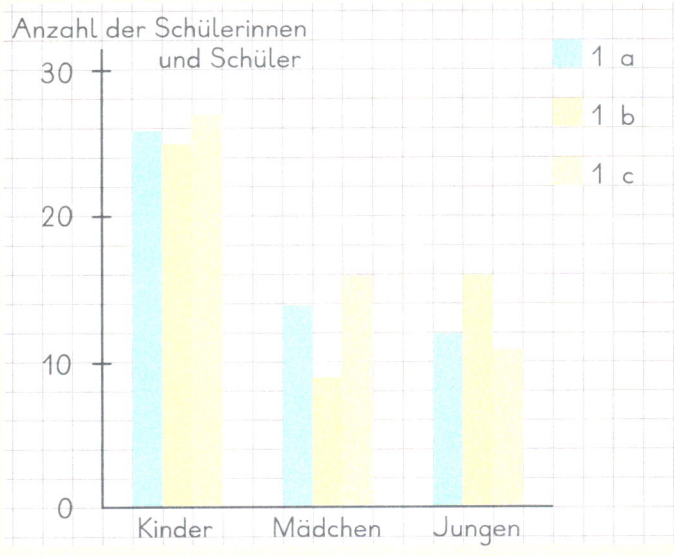

1 Wie viele Kinder sind es?

a) Vergleicht das Säulendiagramm mit der Tabelle.

b) Zeichnet ein Säulendiagramm für die Klassen des 2. (3., 4.) Schuljahres.

2 Vergleicht die Tabelle mit den Säulendiagrammen. Welche Fragen könnt ihr besser mit der Tabelle beantworten, welche mit den Säulendiagrammen? Erklärt.

a) In welchen Klassen sind die meisten Kinder?

b) In welchen Klassen sind die meisten Mädchen?

c) In welchen Klassen ist der Unterschied zwischen Jungen und Mädchen am kleinsten?

d) In welchen Klassenstufen sind die wenigsten Kinder?

e) Findet selbst Fragen und beantwortet sie.

3 a) Richtig oder falsch? Untersucht die Aussagen an der Tabelle oder an den Säulendiagrammen.

> Noah:
>
> In der Klasse mit den meisten Kindern sind auch die meisten Jungen.

> Metin:
>
> In der Schule sind mehr als 200 Mädchen.

> Till:
>
> In allen Schuljahren sind ungefähr gleich viele Kinder.

> Max:
>
> Es sind mehr Jungen als Mädchen in der Schule.

b) Findet ebenso richtige und falsche Aussagen.

4 Vergleicht mit eurer Schule. Legt eine Tabelle an oder zeichnet Säulendiagramme.

a) Wie viele 1. (2., 3., 4.) Klassen gibt es an eurer Schule?

b) In welcher Klasse sind die meisten Kinder?

c) In welcher Klasse sind die wenigsten Jungen?

d) Findet selbst Fragen und beantwortet sie mit einer Tabelle oder mit einem Säulendiagramm.

1 Daten der Tabelle entnehmen und zu Säulendiagrammen verarbeiten. **2** Darstellungen in Tabellen und in Diagrammen vergleichen, Vor- und Nachteile in Bezug auf die Fragestellung erkennen. **3** Aussagen anhand der Diagramme oder der Tabelle überprüfen. **4** Zahlen zur eigenen Schule erheben und darstellen.

■ (K, A, M, D)

5 Ticketangebote der Verkehrsbetriebe

	Kinder	Erwachsene
Einzelticket gültig für eine Fahrt	2 €	3 €
Viererticket gültig für vier Fahrten	6 €	9 €
Monatsticket gültig für 1 Person und beliebig viele Fahrten in einem Monat	32 €	81 €

4-Fahrten-Karte

6 €

Fahrten 3 + 4 auf
Rückseite entwerten

Die Klasse 3a fährt mit 21 Kindern und 2 Lehrerinnen zum Museum.
Wie viel Euro müssen sie für die Hin- und Rückfahrt bezahlen, ...

a) ... wenn sie Einzeltickets kaufen?   b) ... wenn sie Viererticket kaufen?

1 a) Hinfahrt:

21 Kinder: $21 \cdot 2 € = 42 €$

2 Lehrerinnen: $2 \cdot 3 € =$

Rückfahrt:

1 b) Hinfahrt und Rückfahrt:

21 Kinder: $21 \cdot 2 = 42$ Fahrten

2 Lehrerinnen: $2 \cdot 2 = 4$ Fahrten

Kosten:

c) Wie viel Euro spart die Klasse, wenn Viererticket gekauft werden?

6 Nutze das Ticketangebot für die Verkehrsbetriebe.
Wie viel Euro muss eine Klasse für die Hin- und Rückfahrt bezahlen mit 2 Lehrerinnen und ...
a) ... 22 Kindern?   b) ... 25 Kindern?   c) Und eure Klasse?

7 Nutze das Ticketangebot für die Verkehrsbetriebe.
Wie viel Euro kosten Hin- und Rückfahrt? Finde das günstigste Angebot.

a)

Familie Berg

b)

Familie Sommer

c)

Familie Gode

d) Finde weitere Aufgaben.

8 Nutze das Ticketangebot für die Verkehrsbetriebe. Finde das günstigste Angebot.
a) Im März fährt Metin an 20 Tagen mit dem Bus zur Schule und zurück.
b) Im April fährt Metin nur an 10 Tagen mit dem Bus zur Schule und zurück.

Preistabelle betrachten und erläutern. 5 Rechnungen der Kinder interpretieren und fortsetzen (Mathekonferenz).
6, 7 Aufgaben auf eigenen Wegen mithilfe der Tabelle lösen. 8 Unterschiedliche Angebote berechnen und vergleichen. *Weiterführung und Vertiefung: Thema Haushaltsführung.*

131

■ (P, K, M) → Arbeitsheft, Seite 77

Lösungswege vergleichen

1 Wie rechnet ihr?

Lilly hat 20 € gespart. Jeden Montag bekommt sie von ihren Eltern 2 € Taschengeld.
Jeden Dienstag kauft sie sich eine Zeitschrift und Sticker für insgesamt 4 €.
Nach wie vielen Wochen hat sie ihr Geld vollständig ausgegeben?

Lena:

1. Woche: 20 € + 2 € − 4 € = 18 €
2. Woche: 18 € + 2 € − 4 € = 16 €
3. Woche: 16 € + 2 € − 4 € = 14 €
4. Woche: 14 € + 2 € − 4 € = 12 €
5. Woche: 12 € + 2 € − 4 € = 10 €
6. Woche: 10 € + 2 € − 4 € = 8 €
7. Woche: 8 € + 2 € − 4 € = 6 €
8. Woche: 6 € + 2 € − 4 € = 4 €
9. Woche: 4 € + 2 € − 4 € = 2 €
10. Woche: 2 € + 2 € − 4 € = 0 €

Finn:

	Montag	Dienstag
1. Woche	22 €	18 €
2. Woche	20 €	16 €
3. Woche	18 €	14 €
4. Woche	16 €	12 €
5. Woche	14 €	10 €
6. Woche	12 €	8 €
7. Woche	10 €	6 €
8. Woche	8 €	4 €
9. Woche	6 €	2 €
10. Woche	4 €	0 €

Marta:

Jede Woche gibt sie 2 € mehr
aus als sie bekommt.
$10 \cdot 2 € = 20 €$
Nach 10 Wochen hat sie ihr Geld
ausgegeben.

Noah:

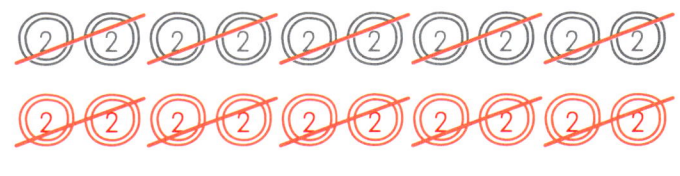

Wie haben die Kinder überlegt? Vergleicht mit euren Lösungen.

2 Wie rechnet ihr? Rechnet ausführlich oder mit einer Skizze.

a) Mila hat 10 € gespart. Sie bekommt jeden Dienstag 5 € von ihrer Oma.
   Jeden Mittwoch kauft sie sich eine Zeitschrift für 2 €. Den Rest spart sie.
   Nach wie vielen Wochen hat sie 25 € in ihrer Spardose?

b) Max spart jede Woche 5 €. Anton wirft in der ersten Woche 1 € in seine Spardose,
   in der zweiten Woche 2 €, in der dritten Woche 3 € usw.
   Nach wie vielen Wochen haben beide gleich viel Geld gespart?

c) Herr und Frau König sparen für den Urlaub. Frau König legt dafür jeden Monat 35 € zurück,
   Herr König sogar doppelt so viel. Nach wie vielen Monaten haben sie 630 € gespart?

1 Zuerst die Aufgabe selbst lösen, dann vorgegebene Lösungen nachvollziehen (Mathekonferenz). **2** Aufgaben
auf eigenen Wegen lösen.
Weiterführung und Vertiefung: Thema Selbstbestimmtes Verbraucherverhalten.

■ (P, K, A, M, D) → Arbeitsheft, Seite 78

3 Zeichne eine Skizze und rechne dann.

Der Schulhof bekommt neue Spielgeräte.
Die Fläche unter der Schaukel wird mit
Gummimatten ausgelegt. Sie ist 3 m breit und
4 m 50 cm lang. Eine Gummimatte ist 50 cm breit und
50 cm lang. Wie viele Matten werden benötigt?

Sophie:

1	2	3	4	5	6
7	8	9	10	11	12
13	14	15	16	17	18
19	20	21	22	23	24
25	26	27	28	29	30
31	32	33	34	35	36
37	38	39	40	41	42
43	44	45	46	47	48
49	50	51	52	53	54

Es werden 54 Matten benötigt.

Finn:

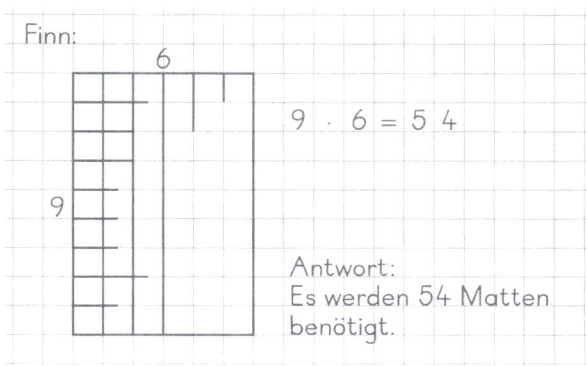

$9 \cdot 6 = 54$

Antwort:
Es werden 54 Matten benötigt.

Wie haben die Kinder überlegt? Vergleiche mit deiner Lösung.

4 Wie viele Gummimatten werden benötigt? Zeichne und rechne.
a) Die Fläche unter der Turnstange
ist 3,50 m lang und 4,50 m breit.

b) Die Fläche cn der Rutsche
ist 3 m lang und 2,50 m breit.

5 Wie viele Meter Zaun werden benötigt? Berechne den Umfang mit der Skizze.

a) Das Fußball-Minispielfeld soll
eingezäunt werden.

20 m
13 m

5 a) 20 m + 13 m + 20 m + 13 m =

b) Das Basketballfeld soll
eingezäunt werden.

28 m
15 m

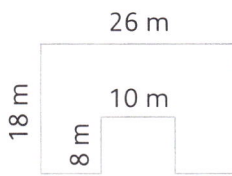

c) Der Schulgarten soll
eingezäunt werden.

26 m
18 m
10 m
8 m

3 Zuerst die Aufgabe selbst lösen, dann vorgegebene Lösungen nachvollziehen (Mathekonferenz). 4, 5 Aufgaben auf eigenen Wegen lösen. Skizzen als Hilfsmittel nutzen und besprechen. Maßstab: 1 mm in der Skizze entspricht 1 m in der Wirklichkeit.

■ (P, K, A, M, D) → Arbeitsheft, Seite 78

Bandornamente und Parkettierungen

Die Grundfigur
ist wieder
eine Raute.

Für die Grundfigur
brauchen wir
2 gelbe Dreiecke,
1 blaue Raute und
1 rotes Parallelogramm.

Die beiden gelben Dreiecke
und die blaue Raute bilden
zusammen ein Parallelogramm.
Daneben liegt das
rote Parallelogramm.
Dann immer so weiter.

Paula   Murat   Kim

Parallelogramm  Raute  (besonderes Parallelogramm mit 4 gleich langen Seiten)

1 Legt das Bandornament nach. Setzt fort und zeichnet. Beschreibt die Grundfigur.

a)

b)

c)

d)

2 Legt das Bandornament mit eigenen Farben nach. Setzt fort und zeichnet.

a)

b)

c)

d)

3 Legt und zeichnet ein Bandornament. Die Grundfigur besteht aus ...

a) ... gleichen Formen.

b) ... verschiedenen Formen.

Beschreibt, setzt fort und zeichnet.

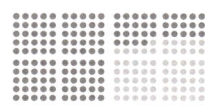

1 Bandornament mit Legematerial nachlegen, fortsetzen und zeichnen. Grundfigur analog zum Einstiegsbild schriftlich beschreiben. **2** Bandornament in eigener Färbung legen, fortsetzen und zeichnen. Grundfigur ggf. auch schriftlich beschreiben. **3** Eigene Grundfigur legen und beschreiben. Daraus Bandornament entwickeln und zeichnen.

■ (K, D) → Arbeitsheft, Seite 79

○ **4** Beschreibt das Parkett.

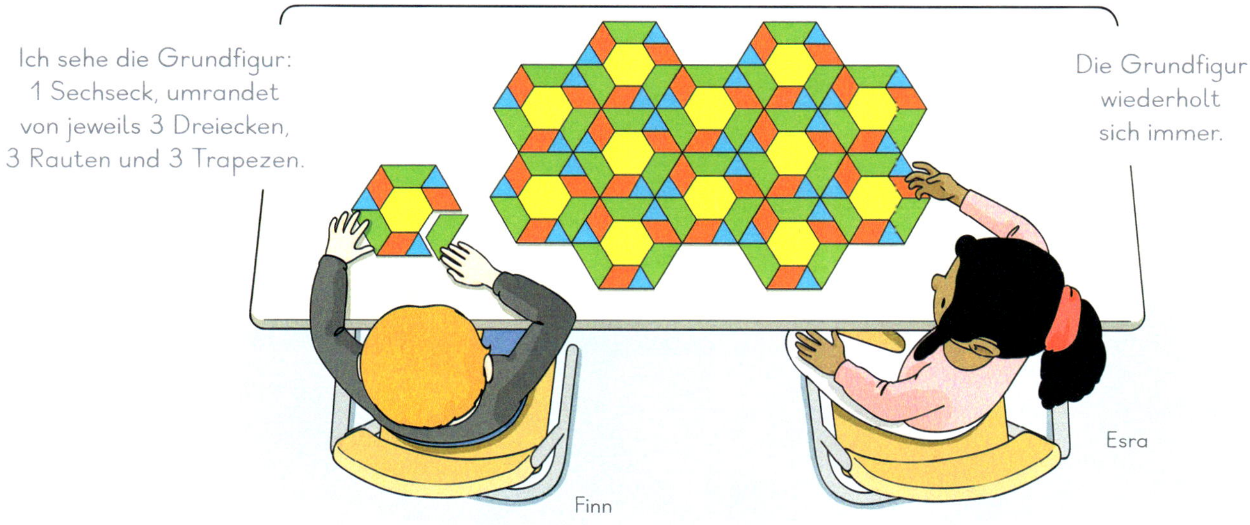

Ich sehe die Grundfigur:
1 Sechseck, umrandet
von jeweils 3 Dreiecken,
3 Rauten und 3 Trapezen.

Die Grundfigur
wiederholt
sich immer.

Esra

Finn

Dreieck   Raute   Parallelogramm   Sechseck   Trapez

● **5** Legt die Parkette nach. Setzt fort und zeichnet. Beschreibt die Grundfigur.

a)   b)    c)

● **6** Legt das Parkett mit eigenen Farben. Achtet auf die Grundfigur. Setzt fort und zeichnet.

a)   b) 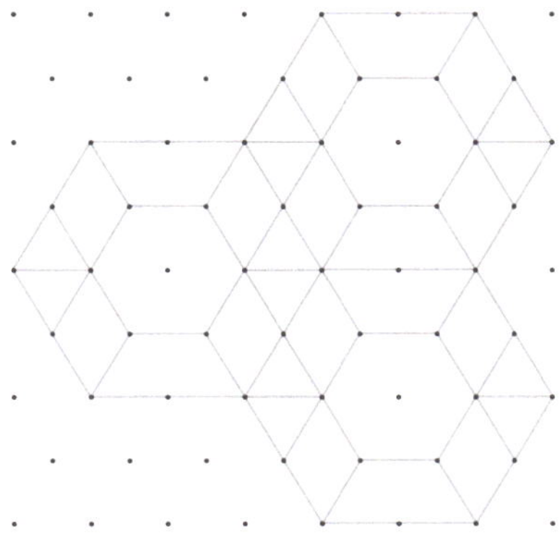   c)

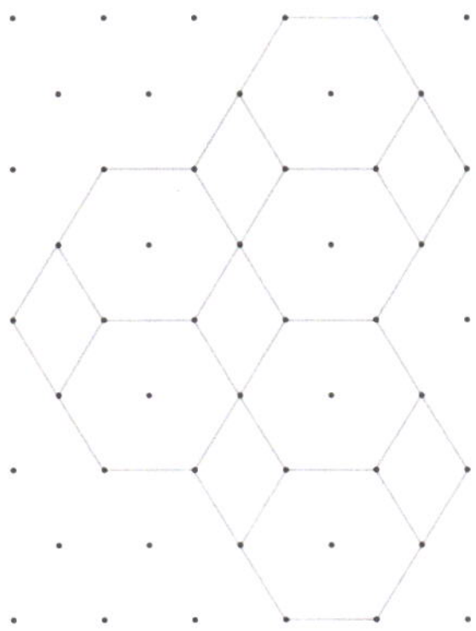

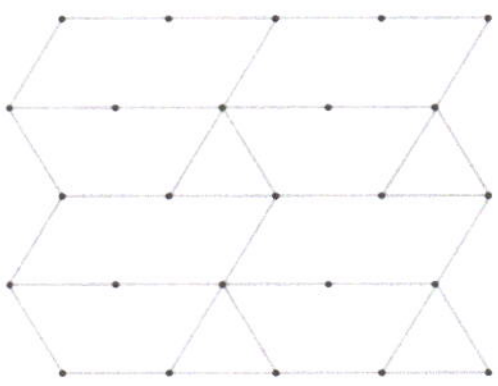

d) Zeichnet ebenso
eine Grundfigur und
setzt sie fort.

✳ **7** Findet Parkette in eurer Umwelt. Zeichnet.

4 Formen in der Parkettierung beschreiben.   5 Mit dem Legematerial nachlegen und fortsetzen. Mithilfe eines Punkterasters dokumentieren.   6 Parkettierungen in eigener Färbung legen, fortsetzen, zeichnen. Grundfigur analog zu Aufgabe 4 beschreiben.   7 Parkettierungen in der Umwelt finden, zeichnen. Über den Lernstand sprechen.

■ (K, D) → Arbeitsheft, Seite 80

Spiele mit dem Zufall

1

Kugeln ziehen

Im Beutel sind 3 Kugeln: 🔴 🔵 🟡

Spielregeln: 2 Kugeln ziehen. Welche Farben?

Eva darf setzen: Eine Kugel ist rot und eine blau.

Murat darf setzen: Eine Kugel ist gelb.

Wer als Erstes das letzte Feld erreicht, gewinnt.

Ist das Spiel gerecht?

Du darfst ein Feld weiter setzen.

Die erste Kugel ist blau, die zweite rot.

Eva

Murat

a) Spielt „**Kugeln ziehen**". Wer gewinnt? Vergleicht.

b) Lest den Plan. Erklärt, warum genau sechs verschiedene Ziehungen möglich sind.

c) Ist das Spiel gerecht? Vergleicht die Chancen von Eva und Murat.

Plan

1. Kugel

2. Kugel

2 Vergleicht die Spielregeln.

Die Kinder spielen „**Kugeln ziehen**". Sind die Spielregeln gerecht? Spielt die Spiele. Vergleicht auch immer die Chancen am Plan.

a) Esra darf setzen: Eine Kugel ist gelb.

Paula darf setzen: Eine Kugel ist rot.

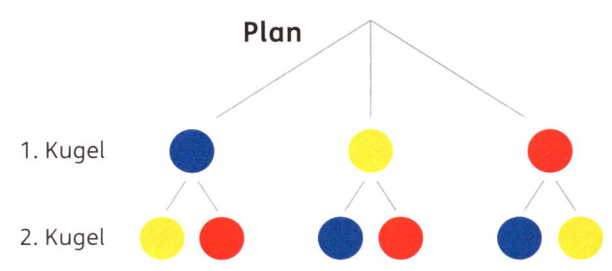

b) Ina darf setzen: Eine Kugel ist gelb.

Leo darf setzen: Keine Kugel ist gelb.

c) Ina darf setzen: Die zweite Kugel ist rot.

Leo darf setzen: Die erste Kugel ist rot.

3 Erfindet eigene Regeln für „**Kugeln ziehen**".

Spielt die Spiele und vergleicht die Chancen am Plan.

1, 2 *Zufallsexperiment* durchführen. Alle möglichen Ziehungen am *Baumdiagramm* („*Plan*") finden und den Gewinnregeln zuordnen.   **3** Eigene Regeln finden.

🟧 (P, K, A, D) → Arbeitsheft, Seiten 81, 82

4

Kugeln ziehen

Im Beutel sind 6 Kugeln: 🔴🔴🔴🔵🔵🔵

Spielregeln: 4 Kugeln ziehen. Welche Farben?

	unmöglich	möglich	sicher
Alle Kugeln sind blau.			

Das ist unmöglich, denn es sind nur drei blaue Kugeln im Beutel.

Eva

Sicher, möglich oder unmöglich? Erklärt und sortiert die Ziehungen.

a) Alle Kugeln sind blau.

b) Zwei Kugeln sind rot, zwei Kugeln blau.

c) Drei Kugeln sind blau.

d) Keine Kugel ist blau.

e) Mindestens eine Kugel ist rot.

f) Genau eine Kugel ist rot.

g) Findet selbst Ziehungen, die sicher, möglich oder unmöglich sind.

5

Kugeln ziehen

Im Beutel sind 6 Kugeln: 🔴🔴🔴🔵🔵🔵

Spielregeln: 4 Kugeln ziehen. Welche Farben?

Eva: Die vierte Kugel ist rot.

Murat: Die vierte Kugel ist blau.

Beides ist möglich. Das ist Zufall.

Es ist noch möglich, dass die vierte Kugel rot ist.

Ich glaube eher, dass die vierte Kugel blau ist.

Eva

Murat

Ziehungen raten: Drei Kugeln wurden schon gezogen. Welche könnten es sein?

a) Eva

Es ist möglich, dass die vierte Kugel rot ist.

b) Murat

Es ist möglich, dass die vierte Kugel blau ist.

c) Eva

Es ist unmöglich, dass die vierte Kugel rot ist.

d) Murat

Es ist sicher, dass die vierte Kugel blau ist.

4, 5 Stochastische Fachbegriffe *unmöglich, möglich* und *sicher* besprechen. Ziehungen passend zuordnen bzw. finden. Über den Lernstand sprechen.

■ (P, K, A, D) → Arbeitsheft, Seiten 81, 82

Bald ist Weihnachten

○ **1** Bastelt Schneekristalle.

Das braucht ihr:

20 cm

20 cm

1. Faltet.

2. Zeichnet und schneidet.

3. Zeichnet Muster.

4. Schneidet aus.

5. Faltet vorsichtig auf.

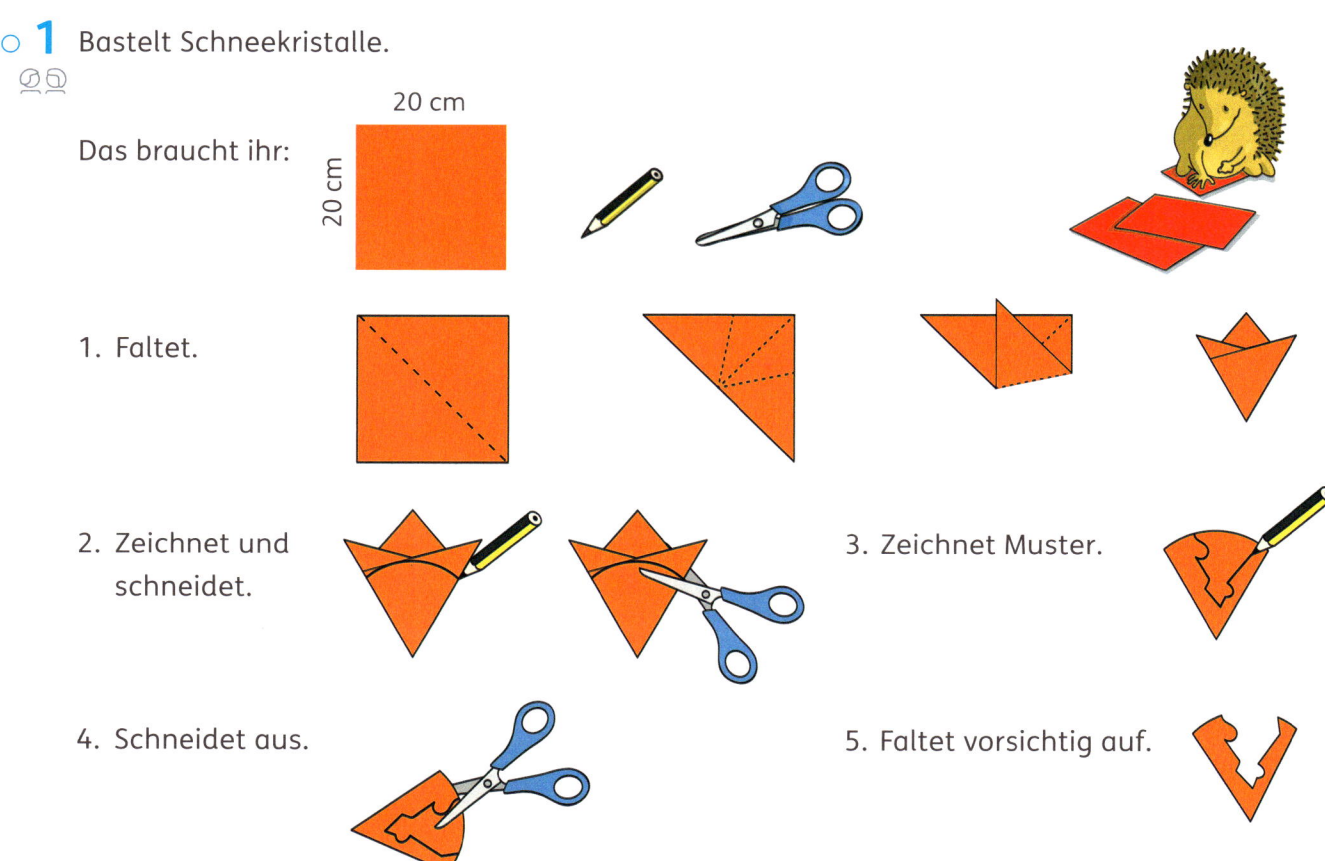

Faltet, zeichnet und schneidet verschiedene Schneekristalle.

○ **2** Untersucht die Symmetrieachsen der Schneekristalle.

a) Zeichnet alle Symmetrieachsen ein. Was fällt euch auf? Erklärt.

b) Vergleicht die Anzahl der Symmetrieachsen mit der Anzahl der Faltlinien.

c) Könnt ihr Schneekristalle mit mehr als drei Symmetrieachsen falten?
Erstellt eine Faltanleitung.

1 Faltanleitung nachvollziehen, eigene Schneekristalle anfertigen. **2** Symmetrieeigenschaften von Schnee-kristallen untersuchen (dazu ggf. aufkleben). Faltplakate erstellen.

■ (P, K, A)

3 a) Bastelt eine „Adventsbox".

1. Zeichnet die Schablone auf Karopapier.

2. Schneidet die Schablone aus.

3. Zeichnet das Netz auf und schneidet es aus.

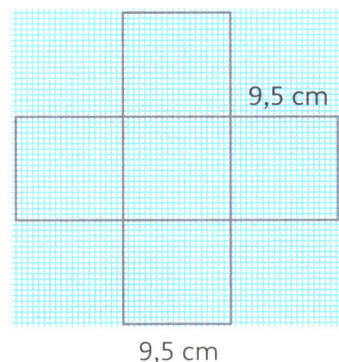

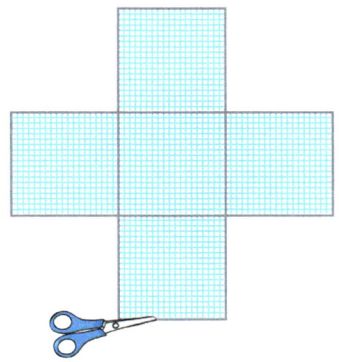

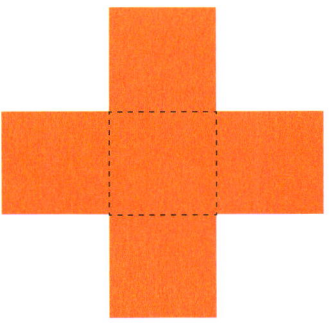

4. Faltet die vier Seitenquadrate an den gestrichelten Linien nach innen.

b) Bastelt einen „Deckel".

1. Zeichnet die Schablone auf Karopapier und schneidet sie aus.

2. Zeichnet die Schablone auf Tonkarton. Schneidet sie aus.

3. Schneidet die schwarzen Linien ein und faltet die gestrichelten Linien nach innen.

4. Klebt die kleinen Quadrate fest.

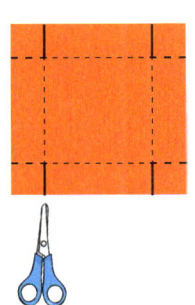

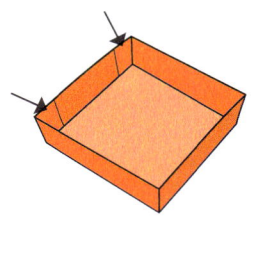

c) Bastelt einen „Weihnachtsengel".

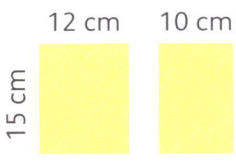

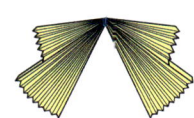

3 Adventsbox und Weihnachtsengel nach Anleitung herstellen. Für Schablone 2 DIN-A4-Blätter zusammenkleben.

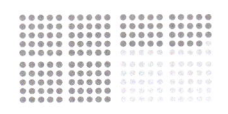

(P, K, A)

Bald ist Ostern

1 Malt verschiedene Hasen. Ohren, Kopf, Körper und Schwanz
sind schwarz oder weiß. Findet alle Möglichkeiten.

Diese Hasen
gehören nicht
dazu:

2 Ordnet die Hasen nach dem Plan.

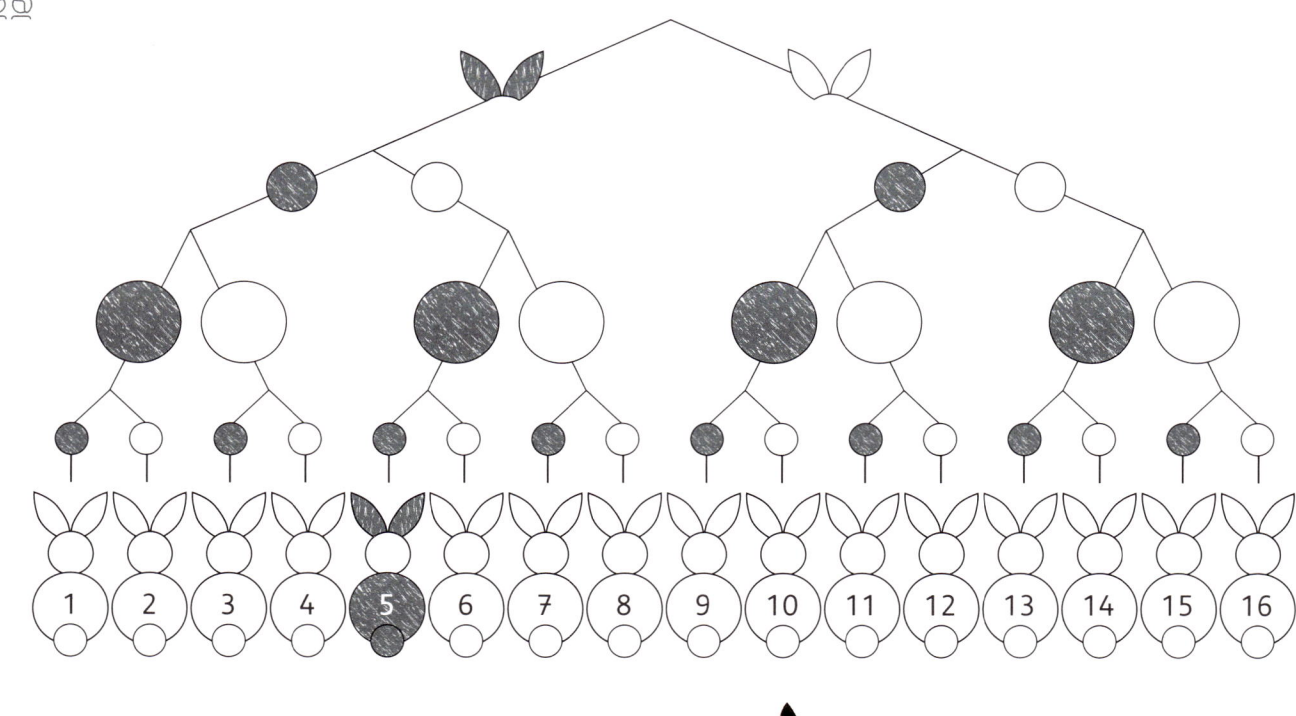

a) Welche Zahlen tragen diese Hasen?

b) Welche Hasen haben einen schwarzen Kopf?

c) Welche Hasen haben schwarze Ohren und
einen schwarzen Schwanz?

d) Welche Hasen haben zwei weiße und
zwei schwarze Körperteile?

e) Welche Gemeinsamkeit haben
die Hasen 1 und 8?

f) Welchen Unterschied haben
die Hasen 2 und 10?

g) Findet Fragen.

1 Kombinatorische Aufgaben: verschiedene Hasen systematisch oder probierend finden. Auf Vollständigkeit
überprüfen. **2** Hasen am Baumdiagramm einordnen.

■ (P, K, A, D) → Arbeitsheft, Seite 83

3 Wer wohnt zusammen?

Obergeschoss:
Hasen mit
weißem Kopf

Erdgeschoss:
Hasen mit
schwarzem Kopf

Welche Hasen wohnen ...

a) ... in Haus 1, Erdgeschoss?   b) ... in Haus 1, Obergeschoss?

c) ... in Haus 2, Erdgeschoss?   d) ... in Haus 2, Obergeschoss?

4 Hasenspiel für 2 Spieler

Spielmaterial:
16 Hasenkarten
4 Würfel
1 Becher zum Werfen

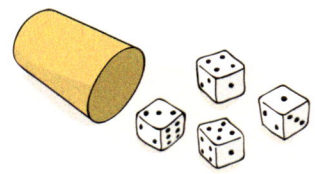

Anleitung: Werft abwechselnd mit 4 Würfeln. Ungerade Zahlen stehen für „schwarz", gerade Zahlen für „weiß". Der Wurf 3, 5, 4, 1 bedeutet also dreimal schwarz und einmal weiß.
Jeder Spieler darf nach seinem Wurf einen Hasen nehmen, der genauso viele schwarze und weiße Körperteile hat, wie der Wurf vorgibt.
Wer zum Schluss die meisten der 16 Hasen hat, hat gewonnen.

3 Hasen im Vierfelderdiagramm einordnen.   4 Hasenspiel spielen und Chancen vergleichen.

141

(K, D)   → Arbeitsheft, Seite 83

Immer größer – immer mal zehn

Anzahlen

Familie	Klasse	Schule	Kleinstadt
3	**30**	**300**	**3 000**

· 10 · 10 · 10

Gewichte

Kleines Gummibärchen	Standardbrief	Tafel Schokolade	Paket Mehl
1 g	**10 g**	**100 g**	

· 10 · 10 · 10

$1\,000\text{ g} = 1\text{ kg}$

Rauminhalte

Tintenpatrone	Spritze	Kaffeetasse	Saftflasche
1 ml	**10 ml**	**100 ml**	

· 10 · 10 · 10

$1\,000\text{ ml} = 1\text{ l}$

Längen

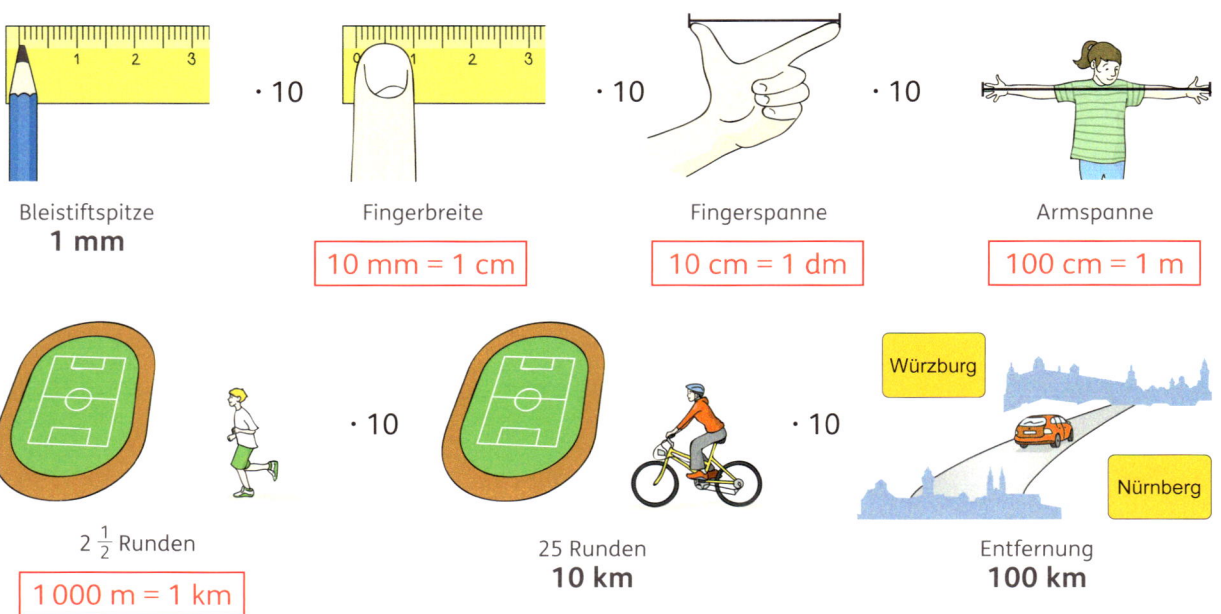

Bleistiftspitze	Fingerbreite	Fingerspanne	Armspanne
1 mm			

· 10 · 10 · 10

$10\text{ mm} = 1\text{ cm}$ $10\text{ cm} = 1\text{ dm}$ $100\text{ cm} = 1\text{ m}$

$2\tfrac{1}{2}$ Runden

$1\,000\text{ m} = 1\text{ km}$

· 10

25 Runden
10 km

· 10

Würzburg

Nürnberg

Entfernung
100 km

Die Standardgrößen umweltbezogen verankern. Wiederholung bereits eingeführter Größen und Ausblick auf weitere Größen. Doppelseite als Plakat auffassen. Jede Größe wird sukzessive mit 10 vervielfacht.

10 · · 10 · · 10

Neuburg a. d. Donau
Mittelgroße Stadt
30 000

Bonn
Großstadt
300 000

Berlin
Millionenstadt
mehr als 3 000 000

· 10 · · 10 · · 10

Eimer Wasser
10 kg

Waschmaschine
100 kg

Kleinwagen
1 000 kg

· 10 · · 10 · · 10

Eimer
10 l

Kleines Aquarium
100 l

Meterwürfel
1 000 l

10 · · 10 · · 10

Länge Klassenzimmer
10 m

Länge Fußballfeld
100 m

· 10 · · 10

Flensburg

Alpen

Entfernung Flensburg – Alpen
1 000 km

Entfernung Äquator – Nordpol
(= ein Viertel Erdumfang) 10 000 km

Wie viele Kinder sind in deiner Klasse?

Wie schwer bist du?

Wie groß bist du?

Wie lang ist dein Schulweg?

Wie viele Liter Flüssigkeit trinkst du am Tag?

Die Standardgrößen umweltbezogen verankern. Wiederholung bereits eingeführter Größen und Ausblick auf weitere Größen.
Im Internet prüfen, ob die Einwohnerzahlen noch aktuell sind.

143